上段左，上段右，中段左：プリムラ・ポリアンサ
中段右：ニホンサクラソウの園芸品種
下段左：雲南サクラソウ，下段右：プリムラ・マラコイデス

各写真の詳細はviii頁参照

6：イヌビワの
　　花のう，
7：その断面

1：ナゴラン，2：キエビネ，3：フウラン，4：エビネ，
5：サギソウ

8：クエ（若魚（上）と老成魚（下））

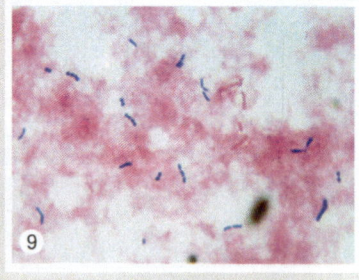

9：ヨーグルトに含まれる乳酸菌

各写真の詳細はviii頁参照

ポピュラーサイエンス

「共生」に学ぶ
―― 生き物の知恵 ――

山本 真紀 著

裳華房

編集委員会

塩田三千夫（お茶の水女子大学名誉教授）
福岡　久雄（元 東京女学館高等学校校長）
増井　幸夫（元 関西女子短期大学教授）
山崎　　昶（元 日本赤十字看護大学教授）

JCOPY 〈出版者著作権管理機構 委託出版物〉

はじめに

　本書は，関西女子短期大学の『自然科学概論』の講義内容をもとにして，新たなトピックを加えてまとめたものです．この講義では，保育科の女子学生が対象で，様々な生き物のネットワークを紹介するなどして，「共生」の概念を学生と一緒に勉強しました．そして学生の意見から，生物には関心があるけれども敬遠気味の人が意外と多いことに気づかされました．ですから，特に将来お母さんになる若い女性にこそ，様々な生き物の生きざまに関心をもってもらい，また違ったものの見方を感じていただき，ぜひ，その感性を子どもたちへ伝えてほしいと考えるようになりました．また，教員養成系大学の学生へも，「自然との共生」をサブテーマに生物学の講義を行う機会をいただきましたが，自然を人間中心にとらえないという考えは，必ず教育や社会の現場でも役に立つと感じています．自然界の生き物の関わりは，まさに人と人との関わりに通じるものがあり，学生と共に目からうろこの落ちる思いで，講義ごとに感動を分かち合っています．

　昨今，自然破壊の問題がますますクローズアップされるようになりましたが，学生に限らず，まず大人たちが自然現象や生命の不思議を理解し，畏敬の念を感じることが非常に重要であると思います．それは大げさなことではありません．

　例えば道端のタンポポを見たとき，あなたはどうお感じになる

でしょうか．愛らしいと思ったり，季節を感じる方もいらっしゃるかもしれませんね．何か昔のなつかしい記憶がよみがえったり，いい気分になったり，何だか嫌な気がしたり，様々でしょう．あるいはあまり気にとめない，気づかないという方もおられるでしょう．そこで，もしタンポポのドラマを知っていたらどうかなと，私は思うのです．お母さんなら自分の子どもを，保育士さんなら保育園児を連れて歩くとき，見かけたタンポポのドラマを知っていたら，そのとき居合わせた子どもへのタンポポに対する気持ちの伝わり方が，きっとずいぶん違ってくるのではないでしょうか．本当に小さなことかもしれませんが，「あ，タンポポね」の一言の中に，お母さんの自然観があふれてくるのではないかと思います．お母さんの優しいことばから受けるイメージは，その子どもにとって一生心に残るものとなることが少なくないでしょう．また，他の生き物を大切に思い尊敬することで，他人へのいたわりや思いやりの心も育つかもしれません．

　このように幼い子どもの心に接して触れ合う時間をもつのは，何もお母さんばかりではありません．お父さんだって，おじいちゃん，おばあちゃんや近所のおじさんでもかまいません．ただ「カエルだ」と言うよりは，「あっ，カエルがいるよ」と言った方が，子どもって「どれどれ」と関心をもつものではないですか．もっと言うと，その大人がカエルのことをよく知っていればその気持ちはことばに現れ，子どもの方もカエルを通して他の生き物の存在に興味をもつかもしれません．

　そのような気持ちを込めて，「共生」をキーワードとした生き

はじめに

物どうしの巧みなネットワークを，できるだけわかりやすく紹介します．そのなかで，どの生き物もかけがえのない存在で，人間も自然のほんの一部であるということを一緒に感じていただければと思います．生物学を共生の観点で見ていくことで，講義で学生と共に体験できた「なるほど」という感動を，本書で共有できればと思っています．

最後になりましたが，本書執筆の機会と貴重なご助言をいただきました，元 関西女子短期大学の増井幸夫先生に厚くお礼申し上げます．大阪教育大学の向井康比己先生には，生物学に関する幅広いアドバイスをいただきました．この場をかりて深く感謝いたします．また，たくさんの可愛いイラストを描いてくださった，大阪教育大学四回生(当時)の岩松裕子さんにお礼申し上げます．そして，本書の刊行にあたりたいへんお世話になりました，裳華房の小島敏照氏に心より感謝いたします．

2005年7月

山 本 真 紀

目　　次

第1章　共生とは

1・1　なぜ共生か……………1
1・2　生物の相互関係………4
1・3　寄生，じつは共生……7
　1・3・1　フィラリアの戦略……7
　1・3・2　アレルギーのはなし…8
　1・3・3　寄生虫のIgE抗原……9
1・4　競争，じつは共生………10
　1・4・1　空き地のセイタカアワダチソウ……………10
　1・4・2　日本のタンポポと西洋のタンポポ…………12
　1・4・3　競争をやめたオオバコ……………………22

第2章　共生の始まり

2・1　地球誕生……………25
2・2　生命の誕生……………26
2・3　原核生物の時代…………31
　2・3・1　地球最初の生命体……31
　2・3・2　温室効果と凍る地球…33
　2・3・3　真核生物の登場から多様な生物の時代へ……36
2・4　細胞共生説……………39
2・5　進化する動植物の生態系の輪……………………41
　2・5・1　植物の陸上進出………41
　2・5・2　動物の陸上進出………42
　2・5・3　「花」と昆虫の幸福な関係……………………44
　2・5・4　なぜ哺乳類は栄え，恐竜は滅びたのか………47

第3章　生き物のネットワーク

3・1　生物の生存危機とレッドリスト……………51
　3・1・1　愛知万博と生態系の保全…………………51

目　次　vii

3・1・2　レッドデータブック…52
3・1・3　野生生物の声なき叫び
　　　　……………………55
3・2　植物の生殖…………56
3・2・1　花のつくり…………56
3・2・2　種子を作るしくみ……61
3・2・3　パートナーに花粉を託す
　　　　……………………68
3・2・4　同花受粉……………77
3・3　サクラソウの生き物ネット
　　　ワーク………………80
3・3・1　サクラソウが減って
　　　　しまった……………80
3・3・2　サクラソウのプロフィ
　　　　ール…………………81
3・3・3　サクラソウの花の構造
　　　　と生殖様式…………83
3・3・4　サクラソウとトラマル
　　　　ハナバチの共生関係
　　　　……………………85
3・3・5　サクラソウを守ると
　　　　いうこと……………86
3・4　植物と昆虫の世界………91
3・4・1　イチジクとイチジク
　　　　コバチ………………91
3・4・2　イチジクの生き物ネット
　　　　ワーク………………99
3・5　アリを利用する植物……99
3・5・1　アリ植物とは？………99
3・5・2　セクロピア…………101
3・5・3　ウツボカズラ………103
3・5・4　家主を守るアリ……105
3・6　菌と植物…………………107
3・6・1　根粒菌とマメ………107
3・6・2　ラン菌とラン………108
3・7　大腸菌の細胞と集団の
　　　ネットワーク…………112

第4章　人間はどうか

4・1　人類を救ったコムギ……116
4・1・1　「共生」を忘れた人類
　　　　……………………116
4・1・2　人類とコムギの出会い
　　　　……………………117
4・1・3　コムギの進化………118
4・1・4　木原　均　博士のメッセ
　　　　ージ…………………123
4・1・5　植物の倍数性………124
4・2　ヒトと細菌の戦い………125
4・2・1　ヒトに住む細菌……125
4・2・2　ウイルスと細菌……129
4・2・3　細菌の逆襲…………134
4・2・4　ヒトは細菌に勝てる

viii 目　次

4・2・5　抗生物質への信仰 …141
4・2・6　細菌との共生の道 …144
4・2・7　ウイルスとの染色体内
　　　　共生 ……………149
4・3　自然と共に生きるという
　　　こと……………………153
4・4　共生を考えるとき見えて
　　　くるもの…………………156
4・4・1　自然の前に謙虚になる
　　　　ということ ………156
4・4・2　自然との触れ合い …160
4・4・3　子どもたちも疲れている
　　　　……………………162
4・4・4　「共生」で，より豊か
　　　　な生き方を ………163

引用・参考文献 ……………………………………………165
索　引 ………………………………………………………167

口絵解説

〈口絵1頁〉　プリムラ・ポリアンサ *Primula* × *polyantha*，プリムラ・ジュリアン *Primula* × *juriana*，プリムラ・マラコイデス *Primula malacoides* などは園芸品種として人気がありポピュラー．ニホンサクラソウ *Primula sieboldii* は日本原産のサクラソウで，園芸用の採集や植生の遷移，湿地開発により減少しており絶滅危惧Ⅱ類に分類され，100年後の絶滅確率はほぼ100％といわれている．写真（中段右）は栽培されている園芸品種．
(3・3「サクラソウの生き物ネットワーク」などを参照)

〈口絵2頁〉　①ナゴラン *Sedirea japonica*（絶滅危惧ⅠA類），②キエビネ *Calanthe sieboldii*（絶滅危惧ⅠB類），③フウラン *Neofinetia falcate*（絶滅危惧Ⅱ類），④エビネ *Calanthe discolor*（絶滅危惧Ⅱ類），⑤サギソウ *Habenaria radiata*（絶滅危惧Ⅱ類）．写真のエビネ以外はすべて栽培されている個体．撮影場所は，神戸ラン展（ナゴラン，キエビネ，フウラン），神戸市（エビネ），六甲高山植物園（サギソウ）．⑥イヌビワ *Ficus erecta*（クワ科イチジク属）の花のう，⑦その断面．⑧クエ *Epinephelas bruneus*（スズキ目ハタ科）．体長はおよそ1m．体側に6本の暗色横帯があるのが特徴．老成魚では消失する．写真は上が若魚で下が老成魚（三重県志摩マリンランドにて撮影）．⑨ヨーグルトに含まれる乳酸菌 *Lactobacillus* ラクトバチルス属（グラム陽性桿菌・青紫色），*Streptococcus* ストレプトコッカス属（グラム陽性球菌・青紫色）

第1章 共生とは

1・1 なぜ共生か

「あれ，こんなとこにきれいなタンポポ咲いてる…」

「ああ，摘んじゃ，いかんよ．お花が痛い，痛い言ってるよ…」

 私は5歳ごろであったかと思います．大阪府貝塚市秬谷の山中に住む祖父は，遊びに行くたびに山へ連れていってくれました．植物が好きで，私が幼いころにこの地を求めて移り住んでからは，暇さえあれば山を歩き，幼い姉弟を連れて行けるスポットを探しては暖めて，遊びに行くと荷物を降ろすか降ろさないうちに引っ張っていかれたものです．祖父の本業は医者でした．東洋医学を支持し，生涯独学でこつこつと勉強し，診療では漢方を中心に実践していました．若くして開業しましたが，戦後の混乱期でしたので，診療代がわりの白菜や大根をニコニコして受け取っていたようです．そんなですから，医院はほどなくたたむことになったと聞きました．人を相手にする仕事でしたし，自然と接することで心のバランスを無意識にとっていたのでしょうか．医学書を手に取る祖父の眼は厳しかったけれど，植物を愛でるその眼は，それは優しいものでした．

 私がずいぶん成長してからも，祖父は秬谷の山へ連れて行ってくれました．あるとき，林に地味な草花が咲いていました．地味

ながらも林の緑に映えて上品ですばらしく美しく見えましたので，思わず摘んで帰って祖母たちにも見せてあげたくなりました．ところが，祖父が一言．

「その花は，そこに咲いているのがきれいだね」

その植物は，自分の力でたくましく生きているのかもしれませんし，その環境がよく合っていて自然に機嫌よく暮らしているのかもしれません．花瓶に活けても，こんなに美しく見えるだろうかと思い直しました．その植物と，スギの木と，ツユクサに下草に…すべての風景の中で，その花が生き生きと見えていたことに気づきました．

草花を人間に置き換えるとどうでしょうか．人が住みなれた地を突然奪われたとします．離れたくないでしょうし，離れれば気分が沈んだり，個人差はみられますが精神的なダメージがあろうかと思います．人間については，メンタルケアなどといって熱心にとりあげて研究したりする．しかし，植物だって同じです．周囲の仲間たちと機嫌よく暮らしている土地がいいに決まっています．自分で動くことのできない植物は，本当は，その仲間がいなければ生きていけないことさえあるのです．

人は自分ひとりでは生きていくことができません．この地球上のどの生物にも同じことがいえます．私たちヒトを含め生物は，良くも悪くもお互いに影響し合いながら生きています．

飼育されているニワトリは何のために生きているのでしょう．なんだか知らないが無意味な生き物だと考える人はいないと思います．それは私たちの食料となるために生きてくれているからで

す．けれども，地をはうアリを見て「ああ，私たちの生存のために生きていてくれるのだ」と考える人は少ないでしょう．むしろ砂糖を求めて家の中の台所に行列を作る姿に嫌悪感を抱き，なんとか駆除する手立てを考えたりします．

このように人間は，自分たちに都合の良い生物と悪い生物を区別し，都合の悪い方の生物を駆除するよう努力してきました．そればかりでなく，先に述べた草花にしても，より豊かな生活を求めようとする人間の欲望によって，人目を惹くものや希少なものほど乱獲され，風景が変わってしまうことも少なくありません．そして結果的に自然を壊し，都合の良い悪いにかかわらず無差別に多くの生物の行き場を奪ってきました．これはたいへん悪質といえるかもしれません．

私たちは近年，環境汚染によって自分たちの体がむしばまれていることに気づき始めました．そしてようやく，人々の環境への関心が高まってきたところです．ところが，それ以前に，自らは何の手立てもできないまま人間のせいで絶滅してしまった生物たちがいるのです．人類は自然の一部ですから，いつかは，おそらく数十万年後には滅亡するといわれていますが，現在のまま環境破壊が進むとその時期は格段に早まるでしょうし，さらには他の多くの生物たちも巻き添えにし，絶滅へと導く恐れもあります．

今こそ私たち人間は，自分ひとりで生きているというごう慢な考えを捨て，地球上のすべての生物が存在するからこそ，自然の共生というシステムの中で生かされていることを学び，他者へのいたわりや責任について考える必要があるでしょう．そこでこれ

から，今求められている「共生」の意味とその必要性，またどうすれば「共生」できるのかについて考えていきたいと思います．

1・2　生物の相互関係

　異種の生物がともに生活するとき，それらの間には様々な関係が生じます．環境条件や食物条件が良ければ，例えば草原でのシマウマとダチョウのように，特に競争なども少なく共存することができます．これを中立関係と呼びますが，お互いに影響し合う場合については，生物学や生態学の教科書では捕食関係・寄生関係・競争関係・共生関係の四つに分類されています．

　まず，捕食関係というのは，2種類の生物AとBがいるとすると，AがBを食べて消費する関係をいいます．身近なところでは，人間が米を食べることや，ウシが牧草を食べたり，ライオンがシマウマを食べるといった関係です．

　次に，寄生関係とはどんなものかというと，Aという生物がBという生物を利用し，Bに悪影響を与えるような関係です．わかりやすいところでは，ヒトに対してウイルスや寄生虫が感染する場合をいいます．このときヒトの体は，肝炎やインフルエンザ，エイズなどのウイルスや，回虫・フィラリアなどの寄生虫の住みかとして利用され，病的症状が引き起こされたあげく，命まで奪われてしまうこともあります．

　さらに競争関係とは，AがBに悪影響を与え，その生育を阻害する場合（片害関係）と，AとBが相互に阻害し合う場合（競争関係）をいい，片害関係の例としては，セイタカアワダチソウと

その他の野草との関係が有名です．セイタカアワダチソウは，他の植物に害を与える毒物（ポリアセチレン化合物）を根から分泌するという方法で他の野草との競争に勝利し，繁栄します．空き地の減ってしまった今では見かけることも少なくなりましたが，雑草の生えている空き地にいつの間にかセイタカアワダチソウが侵入し，あっという間に空き地を独占してしまう様子はすさまじいものです．あるいは，土の中には私たちが薬として利用する抗生物質を作り出す微生物がいて，生存の競争相手となる他の微生物の生育を阻害することも知られています．一方，競争関係の例としては，植物の光をめぐっての競争がみられます．この競争では成長の速い種(しゅ)や高木ほど優勢となり，不利な種は競争に負けて枯死することもあります．けれども温度や水分など環境の条件によって不利な種が優勢となることもありますし，適した場所を選びうまくすみわけて共存できる場合もあります．

　最後に共生関係ですが，共生には片利共生と相利共生という関係があります．片利共生とは，AがBにより利益を得る関係で，コバンイタダキ（コバンザメ）とサメの関係がこれに当てはまります．コバンイタダキはサメにくっついて生活することでサメの食べ残しを餌とし，敵から身を守るという恩恵にあずかっています．サメの寄生虫を食べるともいわれていますが，サメに食べられてしまう場合もあることから，サメにとっては利益も不利益もないのだろうと考えられています．また，相利共生とは，AとBが共に生活することで双方が利益を得ている関係をいいます．例えばホンソメワケベラとクエ（口絵2頁参照）では，前者は後者

の口の中の残りカスを食べます．このとき前者は後者によって食料を与えられ，後者は前者に口の中を清潔に掃除してもらっています．この場合は，お互いに利益を得ているわけです．これについては，ある水族館での興味深い話があります．

　数年前の新聞記事でしたが，大きな水槽でマグロなどの回遊魚と共にクエとホンソメワケベラを飼育していたところ，回遊魚がホンソメワケベラに口の中を掃除してもらうようになったというのです．本来，回遊魚はイワシなどの小さな魚を餌にしていますので，ホンソメワケベラなどは格好の餌になってしまうはずですが，クエとの関係を見て学習したようです．水槽という環境は自然とは違いますので，魚たちはストレスがかかって病気になりやすいのだそうです．そこで回遊魚はホンソメワケベラを食べてしまわずに，寄生虫や食べかすなどの病気のもとを掃除してもらう方を選んだようです．はたして，人でしたら，ここまで臨機応変にお互いの関係を変えることができるでしょうか．魚の賢さにたいへん感心すると共に，大いに学ばされると感じました．

　以上のように，生物と生物はじつに様々に影響し合っていますが，ここで，2種の生物のうちどちらかが一方的に他方へ悪いことをしているように思われる寄生および競争関係について，じつはそうとも言い切れない，もっと奥深い自然のシステムを紹介しましょう．

1・3 寄生，じつは共生
1・3・1 フィラリアの戦略

『笑うカイチュウ』などの著書で知られる藤田紘一郎博士は，例えばフィラリアという寄生虫はたいへん賢い方法でヒトと「共生」していると説明しています．フィラリア感染は，蚊によって幼虫がヒトの体内に注入されることで成り立ち，幼虫は，ヒトのリンパ節で親虫になるまでヒトの体内を血流に乗って巡回します．その間フィラリアは当然ヒトの免疫的な攻撃を強く受けるはずです．フィラリアがヒトの体内で生き抜くためには，その攻撃をなんとか「回避」しなくてはなりません．そこでフィラリアは，免疫能を助ける血液中の細胞（ヘルパーT細胞）を減らすよう働きかけ，免疫力を低下させて寄生する方法に成功しました．

ここで問題となるのは，宿主であるヒトの免疫力です．宿主ヒトは，免疫力が低下していくと通常なら何でもない病原体の増殖が体内で起こり，死亡してしまう危機にさらされます．ところが，フィラリアにとって宿主の死は自分の死でもあります．そこでフィラリアは，宿主であるヒトが完全に免疫力を失うまでにはヘルパーT細胞の数を減少させないようコントロールしていることがわかりました．

このように，宿主を死なせないようにしながら，自分は栄養たっぷりの体内でぬくぬくと生きているのです．そして「共生」というからにはヒトもフィラリアから恩恵を受けていなくては引き合いません．免疫力を低下させられ何が恩恵だと思われるかもしれませんが，じつはヒトのアレルギー病に深い関わりがあったの

です．

1・3・2 アレルギーのはなし

アレルギーの一つであるスギ花粉症の場合，スギ花粉が体内に入ると，体がそれを異物と認識し，スギ花粉を攻撃するためのIgE（免疫グロブリンE）という抗体を作ります．そして，この抗体は次々と肥満細胞の表面にくっついていきます．肥満細胞とは，アレルギー症状を引き起こす原因となるヒスタミンなどを含んでおり，その表面にはIgE抗体とよく結合する部分が存在しています．

そして，この肥満細胞は抗体だけがくっついた状態では何も変化しません．アレルギー症状が出るのは，次に同じスギ花粉が体内にやってきたときです．つまり，スギ花粉をキャッチした抗体（スギ花粉のIgE抗体）が，肥満細胞の表面にくっついて初めて肥満細胞が破れ，中のヒスタミンなどが外に飛び出し，周辺の組織を傷つけます．これがアレルギー反応で，花粉症では鼻の粘膜下の肥満細胞で起こったためにくしゃみや鼻水などのアレルギー症状が起こります．ただし，肥満細胞が破壊されるのは，「2個」の抗体とスギ花粉の結合物が肥満細胞表面に結合したときに限ります．このことは次の項でもお話ししますので，ちょっと覚えておいてください．

また，他のアレルギーの原理も同じで，気管支の粘膜下に存在する肥満細胞が破れると気管支喘息が起こり，皮下の肥満細胞が破れるとアトピー性皮膚炎が起こることになります．

1・3・3 寄生虫の IgE 抗原

ところで,フィラリアなどの寄生虫は宿主にとっては異物ですので,宿主体内でこれに対する抗体が作られるのですが,例えば,寄生虫がヒトに感染すると,ウイルスや細菌感染のときとは違うしくみで免疫反応が起こります.ウイルスや細菌感染ではT細胞やマクロファージという白血球細胞が侵入者をやっつける働きをしますが,寄生虫感染ではどうしたわけか花粉の場合のようにIgE 抗体が作られることが,藤田博士によってつきとめられました.

そして寄生虫は,この抗体の攻撃を避けるための巧妙な技を編み出しました.どのような技かというと,寄生虫は体の表面を自分の分泌物や排泄物でおおっていて,これらに対する IgE 抗体を大量に宿主に作らせているそうです.この IgE 抗体を誘導する特殊な物質は ESC といい,寄生虫の分泌液や排泄物の中に含まれています.ですから,この IgE 抗体は寄生虫本体に対するものではないので,寄生虫にとって何の脅威にもなりません.さらに,この IgE 抗体は,肥満細胞の表面に常にくっついています.スギ花粉の IgE 抗体,しかも2個分の抗体がくっつく余地はもはやありませんので,スギ花粉がせっせとスギ花粉の抗体に結合しても何の反応も起こりません.このように寄生虫が自分を守るためのシステムが,同時にヒトに対して過剰な免疫反応を抑えるという利益をもたらしているといえます.

私たち日本人も,太古の昔から寄生虫を飼ってきたという歴史をもちます.しかし,ここ30年間ほどで寄生虫を悪者として排除

し，日本人の寄生虫感染率は60％以上あったものが，現在は0.01〜0.02％にまで低下しました．藤田博士によれば，ちょうど寄生虫とのつきあいをやめたころから様々なアレルギーが急増しているということです．このことからも，ヒトと寄生虫はお互いに利益をもたらしながら上手に生きてきたと考えられます．この関係はまさに「共生」といえるでしょう．

1・4 競争，じつは共生
1・4・1 空き地のセイタカアワダチソウ

セイタカアワダチソウは，北アメリカ原産の多年草で，明治時代に日本に渡来した帰化植物（人間によって外国からもち込まれ，日本で野生化した植物．馴化，野化などと同義）です（図1・1）．

図1・1 空き地に繁茂するセイタカアワダチソウ

日本各地の土手や荒れ地などに大群落を作り、種子だけでなく地下茎でも旺盛に繁殖します。セイタカアワダチソウは、この地下茎から出ている根から毒物（ポリアセチレン化合物）を分泌し、他の植物と競争を行います。この競争について、同じような環境条件を好み、花期も秋ごろとよく似ているブタクサ・セイタカアワダチソウ・ススキの3者の関わり合いの様子をみてみましょう（図1・2）。

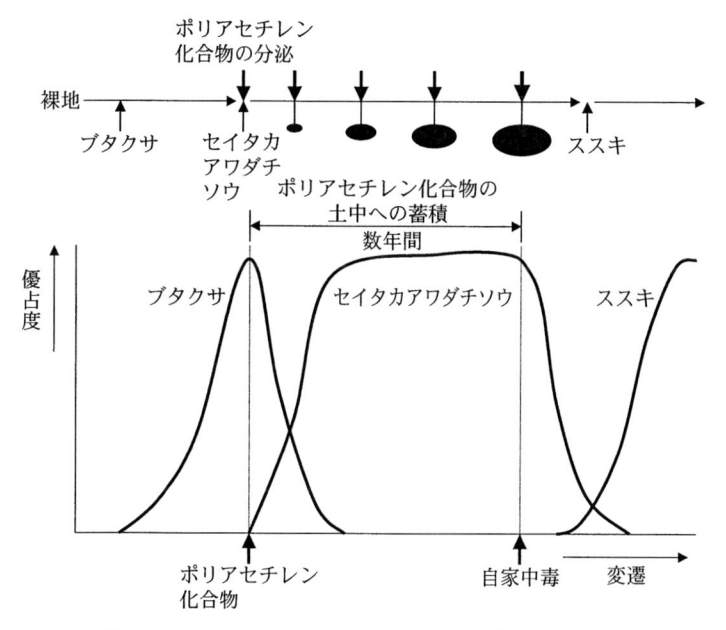

図1・2 セイタカアワダチソウの爆発的な繁栄と衰退
黒い楕円はポリアセチレン化合物量のイメージ．
大きさは蓄積量を示す．

まず，例えば繁殖力旺盛な帰化植物であるブタクサの生えている地にセイタカアワダチソウの種子が飛来したとします．やがてセイタカアワダチソウは成長し，根からはポリアセチレン化合物の分泌が始まります．ブタクサはしばらくは共存しますが，しだいに毒素によって競争に負けて衰退してしまいます．それから数年間はセイタカアワダチソウが独占的に繁茂し，その間ポリアセチレンも土壌へ次々と蓄積されていきます．毒素という汚い手を使って強引に競争に勝ち，一見ごう慢にみえるセイタカアワダチソウですが，やがて，他者を排除する強力な武器であったポリアセチレンという物質が土の中にあまりにも多量にたまったとき，自家中毒を起こし自滅してしまいます．彼らの栄華は永久のものではなく，いつしかその主役はススキにとって代わられていきます．そしてまたブタクサが入り込み，後にセイタカアワダチソウが繁殖し，…という変遷を繰り返すようです．

植物は，動物のようにたやすく逃げたり移動したりすることはできないので，種子が落ちたその場でたくましく生きていかねばなりません．セイタカアワダチソウのように毒素をばらまいて自分の生活の場を確保するのは植物の知恵ですが，徹底的に他者を排除して自分のみがのさばるのではなく，行為が行き過ぎると自然に自滅します．このように他の植物へその地を譲ることで，それら植物と「共生」しているように思えます．

1・4・2 日本のタンポポと西洋のタンポポ

雑種タンポポ？

「雑種タンポポ」——耳慣れない名前のタンポポですが，今や

1・4 競争，じつは共生

都市部を中心に全国に広がっています．何の雑種かというと，じつはヨーロッパからやってきた外来種（セイヨウタンポポ）と在来種（日本のタンポポ）との雑種なのです．

セイヨウタンポポは日本の帰化植物として有名ですが，1904年に植物学者の牧野富太郎博士によって，札幌でセイヨウタンポポが見つかったことが報告されました．そのとき博士は，将来，日本中にこのタンポポが広がっていくと予言しています．そして1960年代から在来種が減って外来種が増えるという，タンポポの交代現象がみられるようになってきました．このように，日本のタンポポは，帰化植物である外来種に駆逐されているという認識を，皆がもっているのではないでしょうか．ところが，近年の研究によって，この認識が大きく覆されるようなことがわかってきたのです．

1988年に，新潟大学の森田竜義博士によって，国内のタンポポに雑種があることが初めて報告されました．どのようにわかったかというと，タンポポのもつある種の酵素（アスパラギン酸アミノ転移酵素）の遺伝子型を調べられたそうです．日本のタンポポがもっている酵素の遺伝子のタイプはa，b，cで，セイヨウタンポポはdと呼ばれるタイプでした．そして，一見セイヨウタンポポと思われる個体を調べてみると，日本のタンポポにしかないタイプの遺伝子ももっていることがわかり，雑種であると判明したのです．たしかに，日本全国にいわゆる「セイヨウタンポポ」が多くみられるようになっているのは間違いありません．ですが，都市や地域別に，その8割から9割を超すタンポポが日本のタン

ポポとセイヨウタンポポの雑種であるということが，森田博士をはじめ，愛知教育大学の渡邊幹男博士や芹沢俊介博士，東京学芸大学の小川 潔博士らによる後の調査からわかってきています．最低でも7割を切るところはなかったそうで，それは驚くべき事実です．つまり，純粋な日本のタンポポやセイヨウタンポポをしのぐ勢いで，雑種タンポポが繁殖しているということです．

タンポポとはどんな植物か

ここで，タンポポについて少し説明しましょう．

タンポポは，キク科タンポポ属の多年生植物です．多年生植物とは，葉っぱが枯れても根は生き残り，翌年も花を咲かせるサイクルで数年は生きられる植物をいいます．そして，タンポポの花は，図1・3のような1個の小さな花がたくさん寄り集まった集合花の形態をとっています．そして，在来種と外来種では形態的に大きな違いがあり，花をまとめて支えている総ほう片（外総ほう片）が反転してめくれているのが外来種（図1・4）で，外総ほう片が内総ほう片に沿って直立している在来種（図1・5）とは一目

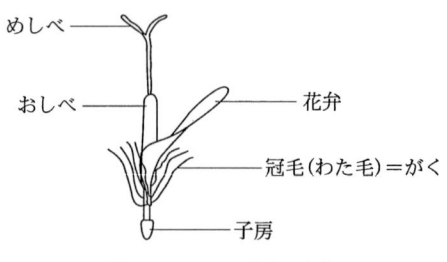

図1・3 タンポポの小花

1・4 競争，じつは共生　　　15

図 1・4 タンポポ外来種（セイヨウタンポポ）
a：横から見たところ，b：真上から
見たところ，c：綿毛のつぼみ．

で区別がつきます．雑種タンポポは，セイヨウタンポポの方の特徴が強く現れ，見た目だけでは純粋なセイヨウタンポポとの区別がつきません．

　また，日本のタンポポはたった1種類ではなくて，カンサイタンポポ（本州以西に分布）やカントウタンポポ（関東・中部に分布）をはじめ15種類（亜種を含めると18種）にも及びます．全世界でみると地球の北半球（寒帯・温帯・暖帯地域）におよそ400種類ものタンポポが分布しています．

16　第1章　共生とは

図1・5　タンポポ在来種（カンサイタンポポ）
a：横から見たところ，b：真上から見たところ，c：株．

　タンポポは，一般的に染色体の数が多いことで知られ，一つの細胞の中にある染色体が，例えばカンサイタンポポでは8本一組のセット（すべてのタンポポで8本1セットになっている）が2セットあるので，16本の染色体をもっています．そして，セイヨウタンポポは3セットで24本の染色体をもっています．セイヨウタンポポの方がカンサイタンポポよりも1セット（8本）分多いですね．2セットもつ植物体を二倍体，3セットでは三倍体と呼んでいます．日本のタンポポでは八倍体（染色体が64本）まで知られています．ちなみに私たちヒトはみんな二倍体で，父母からそれぞ

れ1セット（ヒトの場合は23本で1セット）の染色体をもらって，一つの細胞の中には合計2セットの染色体（46本）があります．

どうやって雑種ができるのか

さて，日本のタンポポとセイヨウタンポポの雑種はどうやってできたのでしょうか．二倍体や四倍体のように偶数倍数体の植物は受精能力のある花粉ができますが，三倍体などの奇数倍数体では，たとえ花粉ができても染色体のセットがバラバラになっていることが多く，受精できる花粉が作りにくいのです．二倍体や四倍体のタンポポは正常な花粉を作れるので，受精で種子ができます．タンポポの種子とは，皆さんのよく知っている綿毛がついて飛んでいく，あの種子です．三倍体では花粉が働かないので，受精ではなく「無融合生殖」といって，めしべの細胞だけが発達して種子を作ります．つまりその種子から大きくなるタンポポは，母親のクローンだということになります．

渡邊博士らは，雑種タンポポは，日本の二倍体のタンポポとセイヨウタンポポ（三倍体）との雑種であると考えています．セイヨウタンポポはごくまれに染色体を2セット含む花粉を作ることがあり，この花粉が日本の二倍体タンポポのめしべについて受精したのではないかということです．

そして，雑種タンポポは，セイヨウタンポポの2セット（花粉由来）と日本のタンポポの1セット（めしべ由来）の合計3セット（三倍体）の染色体をもつことになるので，将来は受精して種子を作ることはできず，無融合生殖になります．

このようにみていくと，雑種ができる機会はとてもまれで，珍

しいことだといえそうです．それなのに雑種があちらこちらでできて，しかも日本中に広がっているのはいったいなぜなのでしょうか．それを知るには，日本のタンポポとセイヨウタンポポの性質を考える必要があります．

日本のタンポポとセイヨウタンポポの性質の違い

まず，在来種ではカントウタンポポを例にとって，一年の暮らし方をみてみることにします．東京の小石川植物園（草地）と上野公園（裸地）に生育している，それぞれ8個体と17個体のカントウタンポポを対象に，一年を通しての葉っぱの増減に着目して調査がなされました（小川 潔『日本のタンポポとセイヨウのタンポポ』を参照）．葉数は個体によってまちまちなので，個体ごとの葉数の最大値を1として葉数の変化を比（葉数比）で表し，個体間の平均値が求められました．図1・6は，その値をもとにグラフ

在来種（カントウタンポポ）：裸地

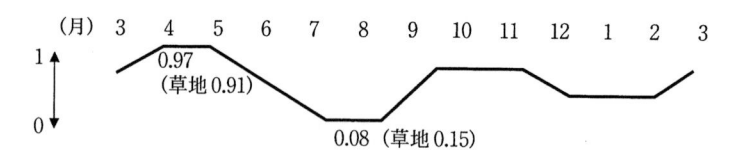

（月）3　4　5　6　7　8　9　10　11　12　1　2　3
0.97
（草地 0.91）
0.08（草地 0.15）

外来種（セイヨウタンポポ）：裸地

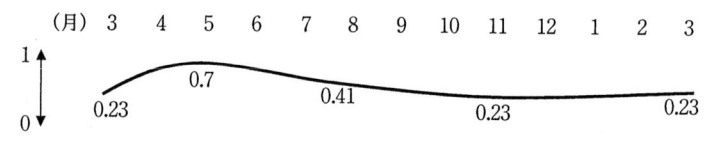

（月）3　4　5　6　7　8　9　10　11　12　1　2　3
0.23　　0.7　　　0.41　　　0.23　　　　　　0.23

図1・6　タンポポの一年

1・4 競争,じつは共生

化したものです.これをみると,一年を通して葉を一番多くつけるのは4月であることがわかります(葉数比:草地0.91,裸地0.97).そして,夏の間はがくんと葉を減らすようで,8月では葉数比が草地で0.15,裸地で0.08と,葉っぱがほとんど0枚に近い状態ですね.けれども10月ごろになると葉数は回復し,最大値に近い枚数の葉をつけます.

このように,カントウタンポポが6月から9月にかけて葉を落とす理由は,日本の夏の草地を想像するとよくわかります.夏の間の蒸し暑い気候で,雑草はのびのびと育ち繁茂します.それに対してタンポポの葉は地面に沿うようについていますので,うっそうとした雑草のもとで太陽の光をいっぱいに浴びることはできません.そうすると,光が弱すぎて,光合成で十分な栄養を作ることができなくなってしまいます.また,タンポポも生き物ですから呼吸もしなくてはなりません.ところが暑さのために普段よりも呼吸の量が増えますので,これではエネルギー不足で,人間でいうと「夏バテ」になってしまいます.日本の暑い夏を過ごしてきたタンポポは,このことをよく知っていて夏の間はわざと葉っぱを枯らしてしまうのだそうです.自分の身を守りつつ他の雑草と競争することなく共存し,雑草たちが枯れ始める秋になってから,また葉を回復させて光合成をたっぷりと始めるというわけです.日本の気候に適応したすばらしい能力ですね.

一方,外来種のセイヨウタンポポはどうでしょうか.ヨーロッパの気候を思い浮かべてください.セイヨウタンポポの故郷ヨーロッパ地方は,年間を通じて冷涼な気候ですので,背の高い雑草

がうっそうと生い茂ることはあまりなさそうです．そして，タンポポが好む土地は牧草地帯であることも多いので，家畜などが餌として他の野草を食べてくれます．そのように考えてみると，元来，セイヨウタンポポにとっての競争相手は，日本のタンポポに比べてずっと少ないことがわかります．

それでは，カントウタンポポと同様に作った，セイヨウタンポポの葉数変化のグラフをみてみましょう（図1・6）．ここでのセイヨウタンポポは，東京の上野公園（裸地）に自生する7個体が対象にされています．5〜6月にかけて葉数は最大になり（葉数比：0.7），そのあと徐々に葉を落とし，晩秋から春先にかけて少ないながらもほぼ一定の葉数を維持しています（葉数比：0.23）．日本のタンポポに比べると葉数の変動の幅は小さいようです．そして，日本の暑い8月でも葉数比0.41と，積極的に葉を落とすことはなく，基本的に夏も成長し一年中を生育期としています．この性質は裸地ではそれほど影響はないかもしれませんが，草地では葉を落とせないため，他の雑草と競争を強いられ夏バテに陥る恐れがあり，セイヨウタンポポにとってはたいへん不利な状況を生みます．

次に，繁殖力の観点から両者を比較してみましょう．カントウタンポポは種子が落ちてもすぐに発芽せず，初夏・秋・早春の季節を待って発芽します．この性質は日本の気候にうまく合っていて，発芽後の成長が，葉数が徐々に増える時期と一致します．一方，セイヨウタンポポは，雨季がなく一年中気候の安定したヨーロッパの気候に適応していましたので，種子が落ちると時期を選

ばずすぐに発芽します．一年中生育して花をつけ，種子が軽くて飛びやすく地上に落ちるとすぐに発芽できるセイヨウタンポポの方が，発芽時期が年3回に限られ，夏には地上部を枯らして生育を止めてしまう日本のタンポポに比べると，はるかに繁殖には有利です．けれども，日本の夏はヨーロッパに比べると過酷な暑さです．種子にかかるストレスは大きく，また，たとえ発芽しても幼個体も暑さにやられそうです．草地ならばまず生育は難しいでしょう．結局外来種は，本来の繁殖力は在来種に優りますが，日本では気候に適応できず苦労しているわけです．繁殖力では劣っているようにみえる日本のタンポポの方が，うまく日本の四季に適応して絶滅を防いでいるといえるでしょう．

雑種というかたちの共生

　以上の両者の違いを考えると，雑種にはメリットがあることがうかがえます．セイヨウタンポポは日本の気候に適応できず，繁殖力が高いにもかかわらず生育には不利ですが，日本のタンポポの日本に適応した性質を取り入れることができればどうでしょうか．

　雑種の成立は，研究者の立場からも考えにくいものであったそうです．けれども偶然雑種が生まれたことで，セイヨウタンポポはうまく日本のタンポポの遺伝子を取り込むことに成功し，生理的に日本に適した性質を獲得することができたと考えられます．一方，日本のタンポポにしても，繁殖力ではセイヨウタンポポには追いつきませんし，草地が減り都市化が進む日本では徐々にセイヨウタンポポの生育に有利な条件が整ってきていますから，こ

のままではセイヨウタンポポとの競争は不利になると考えられます．

そうしてみると，雑種というかたちで共生することで，両タンポポは自分たちの遺伝子を共有しながら存続する道を選んだかのように思えます．在来種と外来種のタンポポは，競争していたかのようにみえましたが，じつは私たちの想像を絶するような，お互いにとってより確実に子孫を残せる，個体内での「共生」を選択したのではないでしょうか．

1・4・3 競争をやめたオオバコ

他の野草とうまく折り合いをつけて共生するのには，オオバコのようなやり方もあります．子どものころ，一度はオオバコで遊んだことがおありになるのではないでしょうか．

講義中，学生さんにオオバコという植物を知っているかどうか尋ねてみると，かなりの割合で知っておられて，オオバコ相撲をしたりネックレスを編んだり，ままごとに使ったりして遊んだことがあると，自信満々で大きくうなずいてくれます．今の学生さんは，あまりそのような機会がなかったのではないかと心配で，毎年恐る恐る聞くのですが，まだ意外（？）にご存知で，内心ほっとします．このような野草と触れ合う時間は，今の子どもたちにはあるのでしょうか．

さて，そのオオバコは，多くの植物仲間が好むふかふかの土ではなくて，人間や車によく踏まれているような地面にしっかりと根付いています．なんでわざわざ踏みつけられるような場所を選ぶのだろうと思われますよね．オオバコは地面に葉っぱを広げる

1・4 競争，じつは共生

ので，タンポポと同様，周りに背の高い雑草に生い茂られると負けてしまいます．そこでどうしたかというと，自分の体の形を変えたり，タンポポのように生理的な特徴をもつことで他の野草と共生したりではなく，物理的に他の野草が好まない場所へと逃げる方法をとりました．

そこは，日当たりは抜群に良く，競争もしなくてよい，のんびりとマイペースで過ごせる場所ですが，いつも踏みつけられるため，裏を返せば植物の生育には過酷な環境ともいえます．ですから，オオバコ自身はとても頑丈な体をもっています．オオバコを見つけたら葉っぱを手にとってみてください．真ん中で2つにちぎると，5本の筋状のしっかりした葉脈がむきだしになります．この脈のおかげでオオバコの葉はとても丈夫で，踏みつけられようとも簡単にはちぎれません．根っこもしっかり張っていて，草むしりする人を泣かせます．花のつく茎（花茎）もとても丈夫で，曲げてもポキッとは折れずしなやかに曲がります．茎の途中で引きちぎるのも難しいです．こんなですから，踏まれたぐらいではびくともしませんね．

オオバコは，踏みつけられたいからあえてそんな場所に住むのではなくて，他の野草との競争をしなくて済む場所を選んだらそこだった，といえそうです．そして生きるために体を強くしたのでしょうか．さらに，種子を作るときは，昆虫などに頼らず，花粉を風に任せます．周囲に他の野草があまりいないので，風通しが良いことも有利に働くのかもしれません．とにかく戦いを避け，自分自身を強くし，他の生き物にできるだけ頼らずにすみわける

ことで，他の野草と立派に共存していると思われます．

　共生の定義は，お互いあるいは一方が利益を受け，不利益を生じない関係でしたので，ここではあえて「共存」と言いました．けれども，積極的に相手に働きかけをしているわけではありませんが，お互いに近くに住みながら，影響し合ったり余計な競合をしたりしなくて済むことも，広くとらえれば上手に共生している（共に生きている）と言うことができるのではないかと考えられます．オオバコは，普段，私たちは気にもとめず踏んでしまっている雑草ですが，平和主義者で自立して凛としているように思えますね．

第2章 共生の始まり

2・1 地球誕生

　私たちの住む地球は，今からずっと前，およそ46億年前に誕生したと考えられています．そのころの宇宙の様子は，日本の研究者によって明らかになってきています．それは，国立天文台の小久保栄一郎博士らのグループによる，スーパーコンピュータを使った最新の研究です．それによると，現在の太陽系ができる前，太陽の周りには20個ほどのミニ惑星があって，1千万年のあいだ太陽の周りを回っていたらしいのですが，お互いの重力でだんだん軌道がずれて衝突するようになり，少しずつ惑星どうしがまとまっていったそうです．

　水星は1～2個のミニ惑星から，金星は8個，地球は10個ほどからなり，火星は一度も衝突していないミニ惑星の生き残りであろうと考えられています．そして地球は，最初は現在の10分の1くらいの大きさだったそうで，最後の1個の衝突で多くの破片が散らばり，それらがまとまって月が生まれたということです．月は，じつは地球の一部でできていたのですね．月を見るとなんとなく親しみやロマンを感じるのは，私たちの命を育んでくれた地球とつながっているからなのでしょうか．そして，地球は少し大きめにできあがったので大きな重力をもつことになり，その引力

によって水や大気を地球表面にとどめることができたと考えられています．

　例えば最近，火星に海の痕跡が発見されましたが，火星は地球よりも少し小さかったので，水や大気を引き止めておくことができなかったようです．太陽系の惑星のなかで，私たちの生命にとって欠かせない「水」が地球だけにあるのは，偶然にも地球が今の大きさになれたからなのです．現在の地球の表面は70％を水が占めています．そのほとんどは海水と北極や南極の氷であり，私たちが使うことのできるのは川や湖，地下水などわずか約0.8％で，これらは雨水からもたらされます．地球表面から蒸発した水が雨となって戻ってくるのは引力のおかげといえるでしょう．

2・2　生命の誕生

　地球上に生命が誕生したのは，いつごろのことなのでしょうか．ここからの話は地質年表（**表2・1**）と進化の時計（**図2・1**）をみながら読み進めてください．さて，生命誕生の証拠はグリーンランドのイスア地方で見つかっています．この地方は，地球の中で最も古い岩石地帯の一つとして有名です．そこにある約38億年前の岩石の中に，生物の体を形づくっていたと思われる炭素の粒が，デンマーク地質博物館のミニック・ロージング博士によって発見されました．その生命体は100分の1ミリ以下の大きさの，現在の細菌に似た微生物で，海水の中に漂い水中から栄養を摂っていたと考えられています．今のところ，これが人類の発見した最古の生命の化石ですが，博士によれば，地球上に海ができてすぐに，

2・2 生命の誕生

表 2・1 地質時代年表

(億年前)	代	紀	世	主な生物の歴史
0	新生代	第四紀	完新世	(現在) 現代人
0.2			更新世	最初の人類
		第三紀	鮮新世	
			中新世	
			漸新世	
			始新世	
0.7			暁新世	恐竜の絶滅, 大型哺乳類
1.4	中生代	白亜紀		花をもつ植物, 哺乳類誕生
2.1		ジュラ紀		恐竜の繁栄
2.5		三畳紀		恐竜の出現
2.9	古生代	ペルム紀		
3.5		石灰紀		木生シダの森林, 最初の爬虫類
4.2		デボン紀		
4.4		シルル紀		最初の陸生植物と昆虫
5		オルドビス紀		
5.5		カンブリア紀		最初の魚類
25	原生代			
38	始生代			最初の生命体誕生
46	冥王代			(地球誕生)

* 冥王代, 始生代, 原生代を先カンブリア時代という.
* 古生代以降 (古生代, 中生代, 新生代) を顕生累代という.

早ければ43億年前には生命が誕生していたのではないかとのことです. さて, 最古の生命体の記録が38億年前といわれてもピンとこないですね. そこで, 地球の46億年の歴史を12時間の時計

第 2 章　共生の始まり

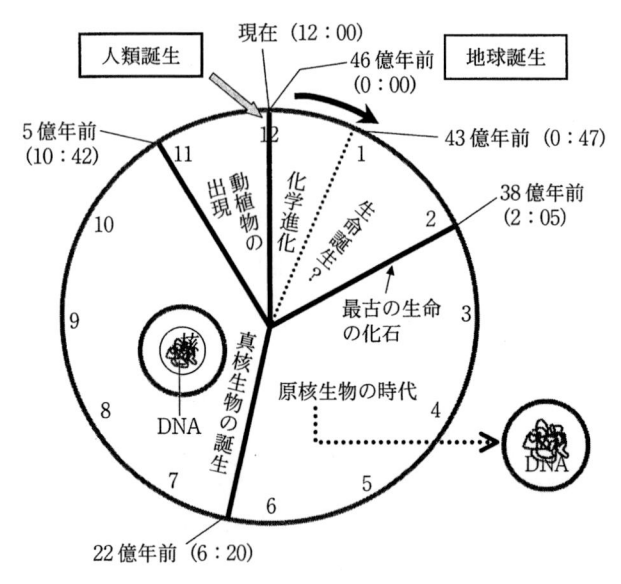

図 2・1　進化の時計

におきかえて考えてみましょう（図2・1）．

　午前0時，地球が誕生したとします．そして現在，そう，あなたがこの本を読んでおられるたった今を12時（正午）としましょう．そうすると，38億年前は午前2時ごろになります．ですから，生命が誕生してから現在まで10時間が経過しているといえます．ちなみに私たち人類の誕生は，この時計で何時ごろになるでしょうか．計算してみますと，ヒトの祖先とチンパンジーの祖先が分岐したのが500〜700万年前といわれていますので，これはおよそ1分前，午前11時59分ごろになります．そして，今の私たちと同じ種のホモ・サピエンス（古代型）の登場は，およそ20万年前な

ので約2秒前,午前11時59分58秒になります.そのころは,もう一種類の人類が共存していました.それは,およそ30万年前に枝分かれし,ホモ・サピエンスの仲間だといわれるネアンデルタール人(ホモ・ネアンデルターレンシス)で,氷河期のヨーロッパで繁栄していたと考えられています.

ネアンデルタール人は,イラクで発見された遺跡の研究などによって,比較的大柄で,死者を埋葬するときにたくさんの草花を供えていたことや,すばしこいシカを巧みな狩りで主な食料としていたこと,また,大きなけがをしても高齢まで生きていた様子から仲間や家族の介護や保護があったと想像されています.これ

ネアンデルタール人の暮らしぶりは…?

らのことから，ネアンデルタール人は争いを好まず共に生きる生き方を選び，高度の知性や文化性をもっていたことがうかがえます．

そして，およそ3万年前，氷河期が終りに近づいたころ，それまでアフリカに住んでいた現代型ホモ・サピエンスがヨーロッパへ進出し，ネアンデルタール人は滅んでいきました．それはたった0.3秒前のことです．ネアンデルタール人はホモ・サピエンスに追いやられて絶滅したといわれ，化石による最新の研究から，ホモ・サピエンスが生き残ったのは，ことばをあやつるコミュニケーション能力を獲得できたからであろうと考えられています．そのホモ・サピエンスがアフリカから地球上のすべての大陸へ進出し終えたのは1万年前．なんということでしょう．人間としての歴史らしい歴史は，地球の歴史12時間のうちまだわずか0.1秒にしかすぎないのです．

少しショックを感じたところで，話を戻しましょう．地球上に脈々と受け継がれてきた私たちの命の始まり，最初の生命はどのように誕生したのでしょうか．最近の高等学校の生物では「化学進化」として学ぶことが増えてきているようです．最初の生命は，化学分子が結合し，様々な有機物が生み出されて形作られてきたという考えです．次に簡単にご紹介しましょう．

誕生したばかりの原始地球には，二酸化炭素・窒素・二酸化硫黄・塩化水素・水素・水蒸気などからなる原始大気が存在していたと考えられています．現在の地球の大気成分とはずいぶん違います．最も大きな違いは，酸素がないことですね．そして，当時

の原始大気には様々なエネルギーが加わりました．地熱・放電・宇宙からの紫外線などです．大気成分は水に溶け込み，とても濃いスープができていました．ここにエネルギーが加わってお互いが結合し合い，簡単な有機物（アミノ酸・糖・有機塩素・脂肪酸など）ができたのではないかといわれています．これら有機物にさらにエネルギーが加わり，有機物どうしの重合によってより複雑な有機物であるタンパク質・炭水化物・脂質・DNA・RNAなどが生まれました．これら成分は，私たちの細胞を形作るのに必要なものばかりで，このころに細胞の基本ができたともいえるでしょう．そして，これらの有機物を使って作られた細胞は，子孫を残すなどの生命の特徴を獲得し，原始生命体となったのです．

2・3 原核生物の時代
2・3・1 地球最初の生命体

地球上に初めて生まれた生命体は，小さな目に見えない微生物でした．彼らは，地球上でどのように暮らしていたのでしょうか．

命を育む水を蓄える要因になった地球の「引力」は，別の問題をはらんでいました．地球が生まれてしばらくの間，その大きな引力に引き寄せられ，地球に向かって多くの隕石がぶつかってきていたのです．スタンフォード大学のノーマン・スリープ博士らの研究によれば，地球が誕生してからしばらくの間，隕石がずいぶんたくさん，直径200キロメートル以上の大きな隕石については30回前後衝突したと予想されています．

生命が誕生してから間もないと考えられる，今から約40億年

前，直径400キロメートルの巨大な隕石が地球に激突し，地球の生命体が絶体絶命の危機にさらされたであろうという事実がわかってきました．そのとき，地球の表面(厚さ10キロメートルの地殻)は，巨大隕石が激突した衝撃でその傷口から薄皮をはぐように海水もろともめくれていきます(地殻津波)．プールの水の表面に，ボールがものすごい速さで落ちてきた様子を想像してください．激突の衝撃はすさまじいエネルギーをもっていて，激突地点は4千〜6千℃というたいへんな高温になっています．その熱が岩石をも溶かして4千℃の岩石蒸気となり，恐ろしいことに今度はこの熱の塊が地球表面を次々と伝わり，海水は沸騰して蒸発し，海底の土や岩石もどろどろに溶け，およそ1日で地球は火の玉のようになります(全海洋蒸発)．あまりの高温に，そこらじゅうにいた生命体はとても生きてはいられません．地球の中心部はとてつもない高温のマグマが渦巻いていますので，生命体に逃げ場はなさそうです．全滅か？と思いきや，生命体は生き抜きました．なぜかというと，とてつもない高温の地表と地殻の間，地中の奥深くに，熱の伝わらなかったわずかな逃げ場があったからのようです．その隙間で生命体はしたたかに生き延びたのです．

　細菌などの微生物は，そのような何キロメートルもの地下深くで生きられるのでしょうか．じつは可能であることがわかってきました．その証拠は，南アフリカのエバンダ金鉱山にある，金鉱の採掘のために掘りぬかれた世界で一番深い3.5キロメートルの深さの穴の底に見つかりました．そこに住む細菌は，現在の地上にはいない菌で，無酸素の環境にもかかわらず酸素呼吸の遺伝子

をもっていたのです．このことは，かつて地表で暮らしていた細菌が地下へ逃げ込んで適応してきたということを意味するのです．

隕石が衝突してから1年ほどたつと地球の気温は下がり始め，1千年後には蒸発した海水は雨となって2千年ものあいだ断続的に地球へ降り続き，もとのとおりに海が回復します．生命体は，現在でいう細菌に近い構造をしており，一気に海中へと生活の場を広げていったと考えられます．

2・3・2 温室効果と凍る地球

このように当時の地球には，小さなたった一個の細胞からなる微生物が海や大地にひしめいていました．微生物たちは飛び回るでもなく声を上げるでもなく，地球上にはただ静寂の時が過ぎていたのではないでしょうか．そうして，その長い時の中で，様々な微生物が生み出されてきます．メタンという気体を生成することのできるもの（メタン細菌）や，太陽の光エネルギーを利用して栄養分を作り，その副産物として酸素を放出するもの（光合成細菌またはシアノバクテリア（ラン藻類））が生まれていました．

地球が暖かいのはなぜでしょう．なぜ，そんなことを言うかというと，地球と太陽の距離を考えると，本来は地球の平均気温は$-20℃$になるらしいのです．私たちは，平均気温15℃の地球に住んでいますが，これは二酸化炭素の温室効果のおかげです．当時の地球には，海中にたくさんのメタン細菌が暮らしていて，大量のメタンガスを発生していたと考えられています．それは，火山から供給されていたメタンガスと共に温室効果ガスとなり，当

時の地球の気温は0℃以上に保たれていたそうです.

　ところが最新の研究によれば,24億〜22億年前,地球をおおっていたメタンガスが消滅し,地球全体が凍りついてしまったことがあったというのです.その原因は酸素だと考えられています.光合成細菌の作った酸素は,大気中に蓄積されるほどになってきていました.これら光合成細菌は原始的なシアノバクテリアで,集団となってストロマトライトという岩石を作り,先カンブリア時代の地層からその化石がよく発見されます.現在でも,西オーストラリアのシャーク湾にあるハメリンプールには,ストロマトライトを形成するシアノバクテリアが生息していて,その姿を見ることができます.

　光合成細菌が作った酸素は,メタンと非常に反応しやすい性質をもっていたので,時間をかけて化学反応が進み,メタンが消滅してしまいました.結果的に地球の気温は,極地方で−90℃,赤道付近でも−50℃で,大陸の氷河は数千メートル,海洋も1千メートルの氷でおおわれてしまい,氷と雪で閉ざされた全球凍結の状態になったといいます.

　さて,このような地球で生物は生きられたのでしょうか.研究者たちは生きのびたと考えています.それではどこで？　思い出してください.地球には火山がたくさんあり,地球ができたころからずっと活動を続けてきました.表面は凍ってしまっても地球の地底深くには高温のマグマが渦巻いています.火山の熱がところどころで氷をわずかに融かして温泉を作り,そこで微生物たちが細々と生き続けたというのが研究者たちの推測です.

2・3 原核生物の時代

　現在の地球上でも，それによく似た様子をアイスランドの氷河で見ることができます．アイスランドは氷河と多くの火山でできていて，地球の縮図といわれています．火山地帯では氷河の中にもかかわらず噴煙が立ちのぼり，熱によって氷が融けてできた温泉があります．水温は，高温のところでは100℃ほどもあるそうですが，ちょうど良い湯加減のところもあり，そのような温泉の底には微生物が堆積したバクテリアマットが作られています．それは主に光合成細菌ですが，それが生み出す酸素や養分を利用して生きる細菌が共生しています．そればかりでなく，私たちが手をつけていられないぐらいの熱水中でも多くの細菌が見つかっています．当時の地球もこれに極めて近い状態だったであろうと考えられていて，命綱のようなわずかな湧水中でたくさんの細菌たちのネットワークが作られ，助け合いながら生き延びてきたようです．私たちヒトの祖先もきっとこの中にいたに違いありません．

　全球凍結の事態は8〜6億年前にも起こったとみられています．その根拠は，アフリカのナミビアの当時の地層中に，氷河の働きで転がってきた大きな岩が見つかったことです．赤道直下の地域でさえ氷河が存在していたということで，地球全体が凍りついたことの裏づけとなりました．極寒の危機的状況で必死に生きようとする生命体たちは，限られた環境条件下で，争い合うというよりは必然的に「共生」に生きる道を見いだすことになったのかもしれません．

　24〜22億年前に起こった全球凍結は，100万年以上も続いたと考えられています．地球の表面は真っ白になっているので，太陽

の光が反射して熱が一向に伝わらず，地球は暖まりようがありませんでした．ところが，どうも火山の活動が氷を融かすことになったようです．火山の噴煙中には大量の二酸化炭素が含まれていて，凍った海には溶けることなく，大気中に少しずつたまっていき，地球の周りをおおい始めます．この二酸化炭素が強力な温室効果をもたらし，一気に分厚い氷が融けていったと考えられています．気温が上昇し，太陽の光が海や大地に届くようになると，それまでひっそりと生き延びてきた微生物たちがいっせいに活動を始めました．特に繁栄したのは光合成細菌です．海という海が緑色に染まるぐらい増殖し，一気に酸素濃度が高まり，一時的に現在と同じくらいの 20 ％ に達したと考えられています．

2・3・3 真核生物の登場から多様な生物の時代へ

当時，海中では酸素濃度が高まったことで，新しいタイプの生物が生まれました．それは，細胞内に「核」という構造物をもつ「真核生物」です．それまでの生命体である細菌の仲間は，「原核生物」と呼ばれ，一個の原核細胞が立派な生物体をなしています．

原核細胞は主に，DNA という遺伝物質と，リボソームというタンパク質合成をしてくれる器官しかもっていません．生きるための最低限の物質です．DNA は細胞中にむき出しで漂っていましたが，その大事な遺伝物質を膜で包んだのが真核細胞ということになります．最初の真核生物は一個の真核細胞からなっていて，酸素を利用して大きなエネルギーが得られるようになりました．そのおかげで原核生物に比べると細胞自体も大きく，多量のDNA をもち，色々と複雑な働きができるようになりました．

2・3 原核生物の時代

さらに真核生物が生まれてからおよそ5億年後，多細胞の真核生物が誕生したと考えられています．そして，現在の地球に住んでいる細菌以外の生物は，私たちヒトも含めてすべて，真核細胞からできている多細胞真核生物です．原核生物から真核生物への進化の過程でも「共生」が大事なキーポイントとなっているのですが，その経緯については次節で述べることにします．

さて，一時的に高まった酸素濃度のおかげで新しい生物が生まれましたが，その後もとの1％ほどの濃度に戻ったようです．そして，2度目の大きな全球凍結（8〜6億年前）の後にも酸素濃度が高まり，やはり現在と同じくらいの20％まで上昇し，今度はそのまま安定したと考えられています．

この時代には，個々の微生物が，酸素を利用してコラーゲンというタンパク質をたくさん作るようになりました．コラーゲンの生成には十分な酸素が必要だそうで，酸素大発生によって合成が容易になり，爆発的にコラーゲンが作られたであろうということです．コラーゲンは網目のようになっているので，これを足場に微生物が入り込むことができます．まるで微生物たちの団地のようです．微生物は単細胞でしたが，コラーゲンにもぐりこんで定着することで，細胞の集団となりました．そしてお互いに連携することで集団は組織となり，大型で多細胞の生物へと進化したと考えられています．

この時代に繁栄した生き物は，その時代の化石から1メートルくらいの大きなものと予想されており，エディアカラ生物群と呼ばれています．これら動物の化石は南オーストラリアのエディア

カラをはじめ,いくつかの先カンブリア時代(約5億7千5百万年～5億6千万年前)の地層で見つかっています.つい最近では,カナダ(ニューファンドランド島)で保存状態の良いエディアカラ生物群の化石が見つかり,米国の科学雑誌『サイエンス』電子版で報告されました(2004年7月21日,朝日新聞).

この生物群の化石からは現存の生物に似たものは発見されていませんので,エディアカラ生物群は絶滅したとされています.けれども興味深いことに,2003年にオーストラリアで発見されたエディアカラ生物群の動物の化石(体長6センチ,オタマジャクシに似ている)は,脊椎動物進化への兆しの特徴をもっていたようです.この動物は,コラーゲンを体の大型化だけでなく,目などの感覚器官や背骨のもととなる脊索の骨組みに利用していた可能性がみられました.その形から,南オーストラリア博物館のジェームズ・ゲーリング博士は,この動物がヒトや鳥,魚など,現在の脊椎動物の祖先に違いないと考えているそうです.

このように多種多様な生物が急激に出現している間にも微生物は生き続け,この時代を生きた微生物たちは地層の中に化石として残され,地底奥深くの化石の地層には大きな圧力がかかって液化しています.これがまさに「石油」です.私たち人類の命の出発点は,微生物であると考えられます.幾度もの危機をくぐりぬけて命をつないできた微生物から命をもらったうえに,微生物の遺骸を資源として使わせてもらっていながら,地球温暖化問題など環境破壊になるほどの勢いでそれを使い尽くそうとしているのです.

2・4 細胞共生説

 原核生物の時代に誕生したのは，大きく分けると，酸素を使わない原核生物（嫌気性）と酸素を利用できる原核生物（好気性）でした．それらのうち，嫌気性の原核生物のあるものは，細胞の膜が内側にへこみ，細胞内の遺伝物質を包み込んで核をもつようになりました．このようにして誕生したのが原始真核生物で，図2・2でAにあたるものです．

 原始真核細胞は，違う種類の原核細胞をそっくりまる飲みにして栄養としていました．あるとき偶然，Bという好気性の細胞が取り込まれ，「共生」関係が生じました．当時の地球大気にはかなりの量の酸素が蓄えられていたので，これはAの細胞にとって活動の範囲を広げる幸運なできごとでした．細胞Aと細胞Bは相互依存的となり，宿主であるAの細胞が増殖するとBの細胞も同様に増殖できるようになりました．Bの細胞は後にミトコンドリアと呼ばれる器官となり，現在の私たちの細胞にも存在し続け，呼吸という大切な役割を担ってくれています．

 細胞ABが成立した後，Cというべん毛状の細胞がくっつき，細胞に運動性を与えました（細胞ABC）．この細胞は，およそ5億年かけて現在の昆虫や魚・カエル・ヒトなどの動物たちや，カビ・酵母などの真菌類へと進化したといわれています．そして，多様な機能を獲得した細胞ABCは，細胞共生の最終段階として，効率の良い光合成構造を備えたシアノバクテリア細胞（原核細胞）Dを取り込みました．この連合体ABCDが後に植物へと進化し，細胞Dは葉緑体になりました．

第2章 共生の始まり

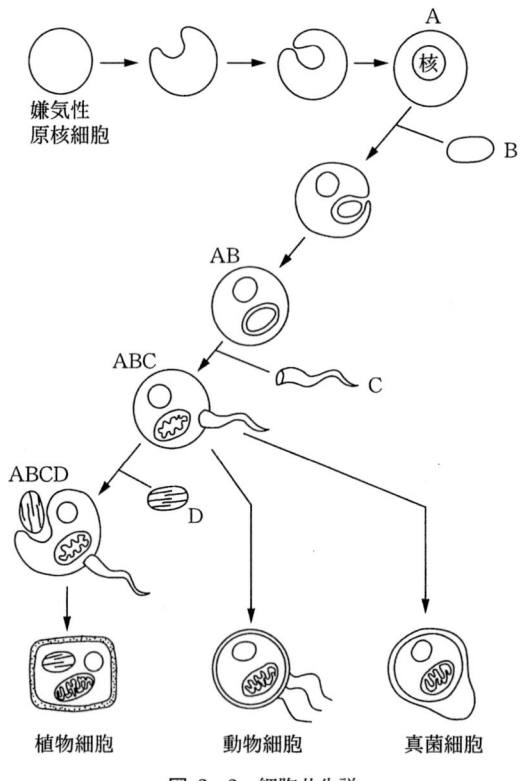

図中ラベル: 嫌気性原核細胞 → A（核） → AB → ABC → ABCD → 植物細胞／動物細胞／真菌細胞（B, C, D が順次共生）

図 2・2 細胞共生説

　以上のような考え方は，1970年にアメリカの女性科学者リン・マーグリス博士によって発表され，この学説は「細胞共生説」と呼ばれます．私たちヒトを含め，現在の動物・植物・真菌類の細胞は，一つの原核細胞に他の原核細胞が「共生」したことがきっかけとなって進化してきたという説で，今のところ多くの生物学

者によって支持されています．このように，生物進化の歴史は「共生」の歴史であるといえるかもしれません．「共生」は，現在の生物たちの自然な姿なのです．

2・5 進化する動植物の生態系の輪
2・5・1 植物の陸上進出

生命の誕生から，すでに始まっていた共生．微生物の時代にも共生は自然に行われていたことがうかがえます．その生活の場は海や淡水中でしたが，単細胞として激しい地球環境を生きぬいた私たちの祖先は，多細胞となり，さらに大型化に伴い上陸への道を歩み始めます．最初に陸地へ進出したのは植物であろうと考えられています．それはおよそ4億年前，最初の陸上植物はリニア植物と呼ばれています．リニア植物から進化した最初の植物はシダ類でした．シダという植物は，皆さんよくご存知ですね．お正月に鏡餅の下に敷くウラジロなどがそうです．いま流行りのガーデニングやプランター園芸がお好きな方には，アジアンタムなどは観葉植物として定番ですね．シダ植物は生きた化石ともいわれ，太古の時代から現在までほとんどその姿を変えていないので驚きです．

シダ植物は胞子で増えますので生殖には水が必要で，その当時ももっぱら水辺で繁殖をしたようです．3億5千万年前にはシダ植物のあるものが大型化して30メートルの巨木となって森林を作り始めました．そして，いわゆる恐竜の時代の始まりといわれる三畳紀のはじめ（およそ2億3千万年前）は，ちょうど大陸（超

大陸パンゲア）の分裂と大移動が始まったころで，地球の二酸化炭素濃度が現在の4〜8倍もあったと推測されています．この二酸化炭素が植物の光合成を促進させ，シダ植物の成長にはたいへん都合が良く，巨大シダの森林がますます繁栄しました．ただし，植物たちは生殖のためには水辺から離れられず，内陸の方までは進出できなかったであろうと考えられています．

同じ時代，植物はさらなる進化によって新しい植物を生み出していました．シダ植物のように水を必要とする水媒から，風の力で花粉を飛ばす風媒という方法で繁殖のできる「裸子植物」が登場したのです．裸子植物って何でしょう？ シダ植物が胞子で増えるのに対して，種子を作って増えるのが大きな特徴です．これも現在までにほとんど姿を変えていないのですが，今でいう針葉樹木の仲間（ヒノキ・スギ・マツなど）やイチョウ・ソテツなどです．裸子植物は，シダ植物がなしえなかった内陸の乾燥地帯への進出を果たしました．時代は三畳紀．その当時の再現ともいわれる場所が地球上に残されています．それは，アメリカ大陸カリフォルニア州のレッド・ウッドの森です．裸子植物である針葉樹の森には，爬虫類・両生類・哺乳類などが住んでいます．当時，およそ2億2千5百万年前にはさらに恐竜が繁殖していました．

2・5・2 動物の陸上進出

動物の陸上への進出は植物の上陸の後で，植物の進化はいつも動物の進化に先行していました．海の中で進化した魚の仲間は，ひれを発達させて手へと進化しました．そして陸へ上がり，爬虫類・両生類となって哺乳類や恐竜へと進化したと考えられていま

2・5 進化する動植物の生態系の輪

す．三畳紀を生きていた恐竜は小型(体長およそ 80 センチ，体高およそ 40 センチ)で，その化石の歯の形からシダやコケを食べていたと想像されます．

　それらの中から，巨木（針葉樹）の葉を食べたいがために，その高さに合わせて 5 千万年かけて長い首を獲得した恐竜が現れました．時代はジュラ紀です．この恐竜はバロサウルスと呼ばれ，体長 27 メートル，体高 15 メートルにまで巨大化し，巨木の葉を独り占めして食べることができるようになりました．食べる量は一日 1 トンにもなることがあり，破壊的な食欲だったそうです．他にも 10 種類以上の恐竜が繁栄しており，巨大森林など多くの植物が恐竜たちの繁栄を支えていました．そして，当時の肉食恐竜の胃袋は，草食恐竜によって満たされていたことになります．

バロサウルス

植物による恩恵は，恐竜だけではありません．葉の汁や花粉を提供することによって昆虫の繁栄も支えていたのです．昆虫は，3億年前にはすでに翅や6本の足をもち，巨木の森で王国を築いていたといわれています．

1億5千万年前に上陸した脊椎動物が進化して生まれた恐竜は，バロサウルスのように巨大化の道をたどりましたが，昆虫は逆に小型化を選んだのです．このことが，その後の繁栄の大きな鍵を握ってしまうことになります．3億年前当時の昆虫は，最も大きいものは（それはトンボですが）50センチ以上もあったようです．その後，およそ2億年前には約5分の1程度に急激に小さくなりました．

2・5・3 「花」と昆虫の幸福な関係

さて，このジュラ紀には植物が劇的な変化を迎えます．裸子植物（針葉樹）の花粉を食べていたコガネムシのような昆虫は，めしべにも飛んでいって花粉を運ぶこともあったようです．その結果，実がなるわけですが，これは生殖のときに風を頼りにしていた裸子植物にとって初めての経験となりました．この方法は風まかせにするよりも確実でしたので，受粉を昆虫に手伝ってもらえるように植物たちは「花」という器官を作ったのだと考えられています．このとき，昆虫と花との関係が始まったわけですが，昆虫が小型化を選んだおかげで，「花」は昆虫を自分たちの繁栄のパートナーに選びました．

ここでいう「花」とは，おしべとめしべが一つの花の中にあって，種子が果実の中にできるものをいいます．裸子植物には雄の

2・5 進化する動植物の生態系の輪

木と雌の木があって,お互いの花粉(雄側)と胚のう(雌側)が受精して種子を作ります.花粉や胚のうがしまわれている器官は,それぞれ花と呼ばれることもありますが,花びらなどもなく生殖の機能しかないので,隠花植物と呼ばれることもあります.それに対して,おしべも一緒にもつ「花」のできる植物を顕花植物と呼びます.

動物は,先に上陸して繁栄していた植物に続いて上陸し,植物を糧にすることで繁栄・進化しました.当初,植物は動物に食べられることに甘んじていたでしょうが,昆虫のおかげで,偶然とはいえ,動物を生殖に利用する方向へと進化を始めたのでしょう.「花」という器官によって,今までのようにただ動物に食べられるだけの関係から,動物を利用する関係を築き,受精のシステムを大きく向上させることに成功したといえます.

ヒノキなどの裸子植物は,受粉して受精が成立するまでに半年〜1年もかかります.ところが,「花」のめしべの先に花粉が受粉されると,3分から遅くとも24時間で受精が完了します.このような「花」をもつようになった植物のことを「被子植物」といいます.私たちが植物と聞いて頭に思い描くのは,たいがい被子植物であるといって間違いないでしょう.春にはサクラやタンポポ,夏はアサガオにヒマワリ,秋はハギ,キキョウにお月見のススキ,冬はサザンカやツバキなど,いくらでも思い浮かびますね.そしてそのきれいな花の姿も一緒に想像できます.

さて,多様に進化した植物は昆虫とますます密接な関係を築いていきます.昆虫に来てもらうための努力はすごいもので,やが

て花は蜜を作って昆虫に提供するようになったのでしょう．被子植物は，もともと赤道周辺の低緯度地帯で生まれましたが，受精にかかる時間が短いことと，昆虫を利用した効率の良い生殖方法を身につけたことによってますます繁栄し，居住範囲を北へと拡張していきました．そして，一時代を築いた裸子植物は，受精に時間がかかって繁殖がゆっくりであるため，被子植物の勢いに負けて，それまでの住みよかった森からどんどん北へ追いやられていきます．そして，巨木の裸子植物を追いかけて巨大恐竜たちは北上していったといわれています．その証拠が，米国アラスカ州のノース・スロープという極寒の地で化石として発見されています．ここでは，花をもつ被子植物の出現以降の時代の地層がみられます．

　当時（白亜紀の中ごろ）は平均気温7℃，冬は0℃近くになる気候で，その地層からは草食恐竜の化石（エドモントサウルス，体長13メートル）がたくさん発見されています．恐竜は暖かい場所で繁栄していたのに，なぜこんな寒いところにたくさんいたのでしょう．その時代は温かい地域に花園が広がっていたのに，恐竜は被子植物を餌にすることができなかったのでしょうか．

　北の地には，被子植物の化石はほとんどなく，90％以上がメタセコイアなどの針葉樹で占められていました．そもそも巨大恐竜は，巨大な裸子植物（針葉樹）に適応して体を大型化させました．大きくなってしまった恐竜は大量の餌が必要です．それなのに，植物はまたもや変化してしまい，その急激な変化についていけなかったのでしょう．コーネル大学のカール・ニクラス博士による

と，植物の化石の研究から，進化は植物の方が先で，あとを追うように動物も進化したと考えられているといいます．恐竜たちは針葉樹の森を追いかけて北上しましたが，針葉樹の葉が硬くなって食べづらくなったことと，その極限の寒さから，1億3千万年前に北米大陸から姿を消したようです．

2・5・4 なぜ哺乳類は栄え，恐竜は滅びたのか

さて，カナダのアルバータ州，ドラムヘラーのレッド・ディア川では，恐竜時代末期（白亜紀終りごろ）の地層がみられます．この地層からは，少し小型（体長9メートル）の草食恐竜トリケラトプスの化石が出てきます．この恐竜は，花が咲く暖かい地域から化石が出てくることから，巨大なバロサウルスとは違い，新しい植物の時代に適応して被子植物を餌にすることができたと考えられます．体のつくりを見ても，顔が低い位置にあるので，地面近くの花や葉を食べることができたのでしょう．

トリケラトプス

その時代，被子植物は昆虫だけでなく哺乳類ともパートナーの関係を築き始めていました．それ以前（白亜紀前期〜中ごろ）の哺乳類は，その化石から釘のように細長い歯をもつことがわかり，昆虫を食べていたと考えられています．

　私たちの祖先となる哺乳類は白亜紀に登場し，その大きさは今のネズミ程度で小さな体をしていたといわれていますが，つい最近，中国の遼寧省の1億3千万年前（白亜紀前期）の地層から，恐竜を食べる哺乳類の化石を世界で初めて発見したという論文が，英国の科学雑誌『ネイチャー』（2005年1月13日発行）で発表されました．

　見つかったのは2種類の哺乳類の化石ですが，1種はロブストスという種で，体長60センチ程度，胃に草食恐竜プシッタコサウルスの子どもの骨が見つかって動かぬ証拠となっています．もう1種はギガンティクス（巨大なという意味）と命名された新種で，化石から大型犬並の当時としては驚くほど大きな哺乳類であったことがわかりました．両種とも肉食動物の特徴である大きくとがった前歯や大きな下あごをもっていましたので，このころから動物を食べる哺乳類が登場していたことがわかりました．また，この2種は植物も食べていた可能性があるそうです．

　さらに，別の哺乳類の化石（白亜紀の終りごろ）では，短く密な歯並びをもっており，植物の果実を食べていたと考えられています．

　果実を食べるということは，実の中の種子を方々へまき散らすことになり，植物にとっては願ってもない利益です．一方，哺乳

2・5 進化する動植物の生態系の輪

類は植物から高カロリーの実を提供してもらえて，昆虫を追わずに済むのでずいぶん楽になりました．そのうちに花と哺乳類の関係は1対1になっていき，植物はパートナーとして選んだ動物に合った実を与えるようになったらしいということが，化石の研究から推測されています．

ただ，恐竜にだけはご褒美の果実は与えられなかったようです．なぜなら，恐竜はそのすさまじい食欲のために，被子植物にとっては自分たちを食べつくしてしまう破壊者でしかなかったからだと考えられています．それに対して昆虫や哺乳類は，利益を分かち合う関係を築くことで共生の道を選び，生態系の輪（ネットワーク）ができあがっていったのでしょう．恐竜は，いわば，この輪からはじきとばされてしまったといえます．それを裏付けるように，レッド・ディア川で発見された化石のうち，7千5百万年前の地層からは恐竜は8種，哺乳類は10種だったのに対し，6千5百万年前には恐竜は2種に減り，哺乳類は倍の20種に増えていたそうです．恐竜はだんだん生きにくくなったことがうかがえます．

さて，恐竜の運命は？　多くの科学者はこのように予想しています．6千5百万年前，北米大陸に隕石が衝突し，地球は冷え切った暗黒の冬の時代を迎え，すべての恐竜は絶滅してしまったということです．

一方，哺乳類は冷たい雪と氷の中でじっと耐えて，再び地球が暖まり始めるまで生き抜きました．そのころには，もう自分たちを食べる恐竜はいません．私たちの祖先は，恐竜時代に「花」と手を結んだことで生き残りました．その後は，花と昆虫と哺乳類

が共に繁栄した生き物の共生の時代になったのです．

　結局，恐竜は食べつくすという一方的な行為しかできず，共に生きることができなかったのでしょう．植物がまず変わり，それに適応した動物が生き残ってきたと考えると，動物は植物と共に生きることなくして繁栄し続けることはできません．

　私たち人間は，地球生態系の頂点に立っているといわれています．人間を中心にした食物連鎖という観点からみれば，たしかにそうした構造になりますが，一方でそのような解釈は，人間がいつでもあらゆる生物の中の頂点であるというイメージを伴う，強烈なインパクトを私たちに与えてしまうのではないでしょうか．

　最近，生物進化の考えから，こうしたピラミッド構造的な人間中心の見方をするのでなく，生態系の一員として平面的にとらえる考え方や，「まず，人間ありき」のように人間を基準として他の生物の様々な現象を解釈・説明するやり方は改めなければならないという考え方が見受けられるようになってきました．

　すべての生き物は，最初に地球に登場した小さな微生物から始まって，現在に受け継がれています．生命存続の危機に瀕しても，生き物どうしで種類が違っても助け合い，お互いに融通を付け合えたものどうしが生き残ってきました．このような共生の見方をすれば，地球上の生き物の関係はピラミッド構造ではなく，どの生き物も同じ地球という平面上にのっていてネットワークでつながっているように思えます．

第3章　生き物のネットワーク

3・1　生物の生存危機とレッドリスト
3・1・1　愛知万博と生態系の保全

　2005年3月から日本国際博覧会(愛知万博)が開催されました．テーマは「新しい地球創造・自然の叡智」ということで，主催者は「環境万博」を強調していますが，建設当初，予定地であった海上(かいしょ)の森(愛知県瀬戸市)には，絶滅の危機に瀕する希少生物が多数確認され，県の開発志向を指摘する地元住民と主催者との環境論議が対立していました(図3・1)．万博開催のためにはブルドーザーで山を崩してパビリオンを建てる必要がありますので，開催自体，県の言う自然との共生どころか，黙ってみていても絶滅する恐れのある生物たちの息の根を止める行為となるのは避けられません．私たち人間が普段あたりまえに行っていること，例えば手を洗うとか食事をすることなど，日常生活の最低限のことさえ，何らかの形で環境へ影響を及ぼしているのですから，開発となるとその影響は甚大なものとなるでしょう．

　結果的には，海上の森はごく一部だけ使い，その近くの別の場所(青少年公園地区)へ万博会場のほとんどを移すことに路線変更がなされました．2か所の会場計画は，海上の森では，主要施設を裸地部分へ配置し，自然への影響を少なくすること，青少年公

52　　　　　　　第3章　生き物のネットワーク

図 3・1　愛知万博の新聞記事（毎日新聞；1998年2月9日）

園地区では，すでに開発されていた部分と多様な生物が住む森林部分からなるので，希少種の生物がまとまって生息している地区や森林地区を避けて建設をすることなどが最優先されたようです．そのうえで，国際博覧会の規模や来場者のルートを確保していくように計画されました．

　愛知万博を企画した人たちは，最初から自然を破壊するつもりなどなかったのでしょうが，様々な市民団体などから意見が出されて（インターネットでも公開されました），事前に修正が加えられることになったようです．

3・1・2　レッドデータブック

　それではここで，絶滅が危惧されている野生生物について調べ

3・1 生物の生存危機とレッドリスト

てみましょう.例えば植物では,日本列島にある7千あまりの種のうち,なんと4分の1（1887種）が絶滅の危機にさらされています.これは,わが国の植物版レッドデータブック（環境庁,2000年）によるものです.

レッドデータブックとは,1966年に国際自然保護連合(IUCN)が絶滅の恐れのある野生生物を世界的な規模でリストアップしたことから始まります.「レッド」は危機的な状況をイメージさせ,また,リストを掲載した本の表紙や,一番絶滅が危ぶまれる生物が掲載されたページが赤い色をしていたことから「レッドデータブック」と呼ばれるようになりました.

日本では,1989年に日本自然保護協会と世界自然保護基金日本委員会によって植物版が,1991年には環境庁（現在の環境省）によって動物版がそれぞれ作られ,2000年からはその改訂版が順次発行されていて,これらが日本のレッドデータブックとして活かされています.

この改訂版では,1994年にIUCNによって見直された新カテゴリー（絶滅または絶滅危惧の程度の区分）を参考にした,絶滅の危険性の程度を示す区分に客観性をもたせた新基準が採用されています（図3・2）.そのカテゴリーは,日本ですでに絶滅してしまった種は「絶滅(EX)」,飼育や栽培でしか生育していない種は「野生絶滅 (EW)」,以下絶滅の恐れが高いものから順に「絶滅危惧IA類(CR)」,「絶滅危惧IB類(EN)」,「絶滅危惧Ⅱ類(UV)」,「準絶滅危惧 (NT)」と並び,その他,「情報不足(DD)」,「絶滅の恐れのある地域個体群(LP)」と分類されています.カテゴリー

```
┌─────────────────────────────────────────────────┐
│  ● 絶滅 (EX)                                     │
│                                                 │
│  ● 野生絶滅 (EW)                                 │
│                                                 │
│  ● 絶滅危惧 (Threatened)                         │
│       ├── 絶滅危惧Ⅰ類 (CR+EN) ─┬── ⅠA類 (CR)   │
│       └── 絶滅危惧Ⅱ類 (UV)     └── ⅠB類 (EN)   │
│                                                 │
│  ● 準絶滅危惧 (NT)                               │
│                                                 │
│  ● 情報不足 (DD)                                 │
│                                                 │
│  ● 付属資料［絶滅のおそれのある地域個体群 (LP)］ │
└─────────────────────────────────────────────────┘
```

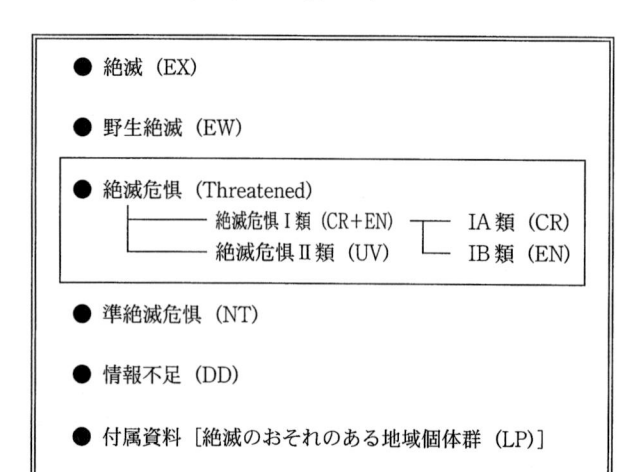

図 3・2　日本版レッドデータブックカテゴリー（環境省，1997）

の詳細は，インターネットで IUCN のサイト (http://www.iucn.org/) または IUCN 日本委員会のサイト (http://www.iucn.jp/) でみることができます．他にも，環境省自然環境局生物多様性センターのホームページ (http://www.biodic.go.jp/) から生物多様性情報システム J-IBIS のページ (http://www.biodic.go.jp/J-IBIS.html) に入れば，「絶滅危惧情報」から検索できます．さらに，絶滅危惧種の名前や日本列島の分布の様子まで，簡単に調べることもできます (URL はいずれも 2005 年 7 月現在).

　IUCN レッドリスト (2003 年版) に載った絶滅危惧種数は，動物が 5483 種，植物が 6774 種です．絶滅の恐れがある種も含めると，約 4 万種の動植物がリストに登録されているそうです．

3・1・3 野生生物の声なき叫び

日本の絶滅危惧種は，環境省のレッドデータブック(2000年版)によると2663種で，そのうちの植物1887種の中から1種ご紹介します．それは絶滅種オリヅルスミレです．発見は1982年とスミレの仲間の中では一番遅く，1988年に正式に新種と発表されましたが，時すでに遅しで，沖縄県の山原(やんばる)の唯一の採集地はダム建設のため水に沈んでしまいました．他の自生地は知られていませんので，自然のオリヅルスミレは絶滅したと考えられています．絶妙な自然のバランスが保たれている渓流でしか生育できないそうなので，3本の美しい紫色のストライプ柄をもつ，可憐な白いオリヅルスミレを自然のなかで見つけることは絶望的です．そして，このスミレと同じ環境を好む野生植物たちも，その生活の場を追われていることになります．スミレだけでは済まないのです．

ここでは植物の例をあげましたが，野生動物でも調査のたびにレッドリストに新しい種が並び，彼らの声なき叫び声が聞こえてくるようです．それでは，消え入ろうとしている希少野生生物をどのように救えばよいのでしょう．そこに住む一つ一つの種をとりあげ，別の安全な場所を用意し，そこに移すという考えもあるでしょうが，個々に保護すればよいというわけではないようです．というのも，自然界では野生の動植物が深く関わり合いながら暮らしているからです．そこには捕食・競争・寄生などの自然の「共生」のドラマが繰り広げられています．

植物が種子を作るとき，昆虫の手助けを必要とすることがよくありますが，その昆虫が人間にとって有害だということで駆除さ

れてしまったり，そうでなくても環境の変化で姿を消してしまったりすれば，途端に植物は子孫が残せなくなってしまいます．そのメカニズムをお話しする前に，次節では，植物が子孫を残すための驚くべき戦略を覗いてみましょう．

3・2 植物の生殖
3・2・1 花のつくり

植物は，固着性の生き物で，いったん根を張ると一生をその地で生きていかねばなりません．つまり，動物のように餌を追って移動したり，環境が悪くなったりしたからといってそこから逃げ出すことはできません．生殖についても，子孫を残すためのパートナー選びは，自分が動けないぶん様々な工夫がみられます．

それでは，まず花の構造を見てみましょう（**図3・3**）．花とは，植物の生殖器官です．図3・3のように，種子を作る植物（種子植物）の花，なかでも種子が皮（心皮）に包まれるような被子植物といわれる花には，がく（がく片），花びら（花弁），おしべ（雄ずい），めしべ（雌ずい）がみられます．ところが意外なことに，私たちが普段「花」と呼んでいる部分は，じつはもともとすべて葉っぱが変化したものです．つまり，がく片1枚，花弁1枚，おしべ1本，めしべ（心皮）1枚が，それぞれ1枚の葉っぱに当たります．めしべを1枚と言ったのは，少し難しいのですが，1個のめしべは心皮という部分からできているからで，例えば，バナナのめしべは3枚，リンゴのめしべは5枚の心皮をもっています．それぞれの花から将来できる果実は，心皮ごとに種子をつけます

3・2 植物の生殖　　57

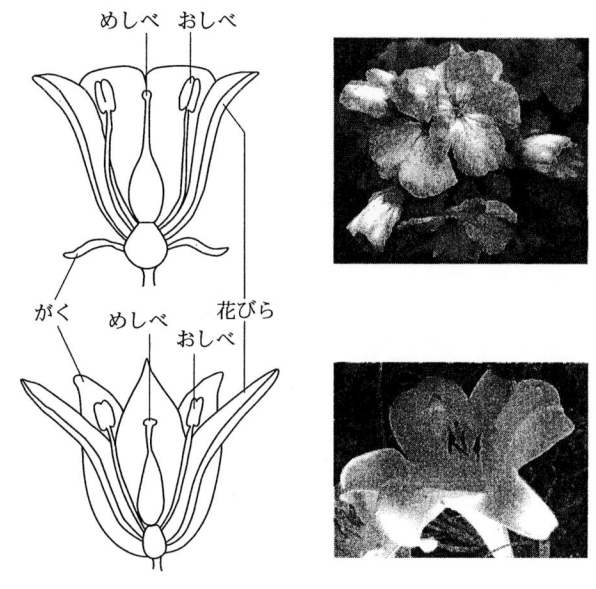

図 3・3　花の構造
上：ゼラニウム，下：タカサゴユリ．

ので，実を水平に輪切りにしてよく見ると，心皮の部屋の数がわかります(図3・4)．それで，一枚一枚の心皮は一枚一枚の葉っぱに由来することになります．

さて，植物の茎のところどころから茎が出て，その先にまた葉っぱがつくのはよくご存知だと思います．そして花が咲くときにも茎が伸びてきますが，その部分では「花を作る遺伝子」が働いて，葉っぱになるかもしれなかった部分が，がく・花びら・おしべ・めしべに変化して，花へと仕上がるからだとわかっています．

その様子をみごとに表したのが，ABC モデルと呼ばれる考えで

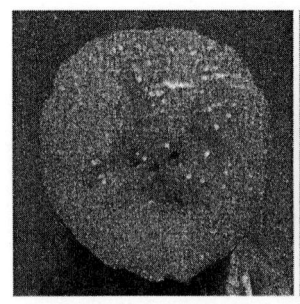

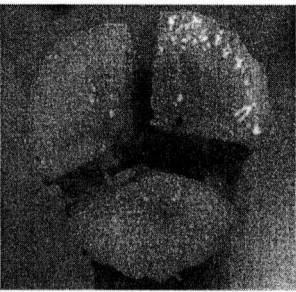

図 3・4 バナナの断面（3 心皮）

す．**図 3・5** を見てください．このモデルは，1991 年にジョン・ボーマン博士らによって発表されました．彼らは，シロイヌナズナ *Arabidopsis thaliana* という植物を使って花の遺伝子を研究しました．シロイヌナズナは，ペンペン草と呼んでいるナズナ（*Capsella bursa-pastoris*）と同じアブラナ科で，感じが少し似ていますが種(しゅ)は異なり，ナズナよりもっと体の小さい植物です．小さいおかげで，成長が速くてすぐに花を咲かせ種子をつけますので，遺伝の研究によく使われることで有名です．アブラナ科の花はシンプルで，がく片 4 枚，花弁 4 枚，おしべ 6 本，めしべ 1 本（2 心皮）からなっています．

　図 3・5 の中央は，花が作られる茎の先っぽ（花芽分裂組織）の模式図です．円筒状の茎頂に，同心円状に下から領域 1・2・3・4 と区別できます．また，花の形を作るのは A・B・C の 3 種類の遺伝子で，それらが働く組み合わせと順序をモデル化したのが図の上段です．正常体では，花が作られるとき，まず領域 1 ががく片

3・2 植物の生殖   59

正常体

領域 1 2 3 4 3 2 1

| | B | | B | |
| A | | C | | A |
がく片／花弁／おしべ／めしべ／おしべ／花弁／がく片

変異体

領域 1 2 3 4 3 2 1

| | B | | B | |
| A | | A* | | A |
がく片／花弁／花弁／がく片／花弁／花弁／がく片

花芽分裂組織

領域 4
領域 3
領域 2
領域 1

花芽分裂組織断面　　　　　　　　　　花芽分裂組織断面

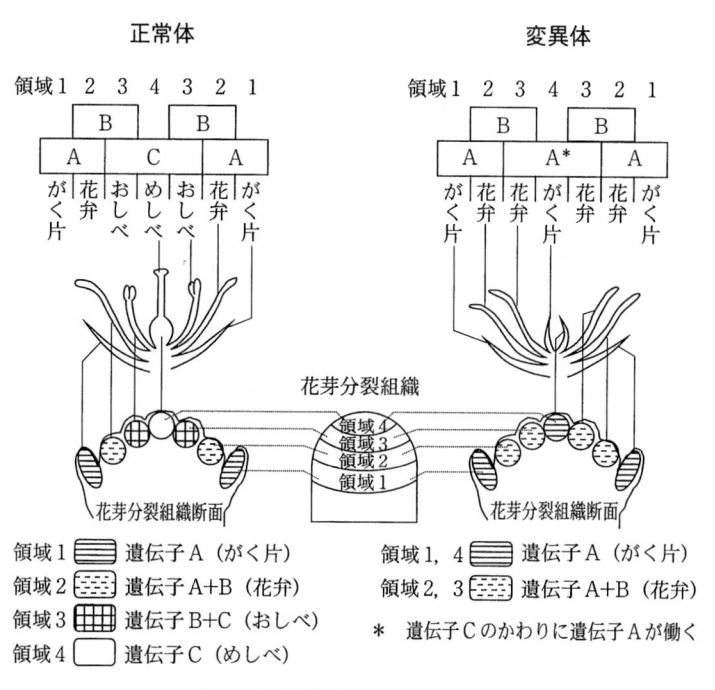

領域 1 ▤ 遺伝子 A（がく片）　　　領域 1, 4 ▤ 遺伝子 A（がく片）
領域 2 ▦ 遺伝子 A+B（花弁）　　領域 2, 3 ▦ 遺伝子 A+B（花弁）
領域 3 ▦ 遺伝子 B+C（おしべ）　　＊ 遺伝子 C のかわりに遺伝子 A が働く
領域 4 ▢ 遺伝子 C（めしべ）

図 3・5　花芽形成に関する ABC モデル

になります．そのとき働くのは遺伝子 A だけです．次の領域 2 では，遺伝子 A と遺伝子 B が共同で働いて花弁を作ります．領域 3 では遺伝子 B と遺伝子 C が共同して働きおしべを作ります．領域 4 では遺伝子 C だけが働いてめしべが作られます．つまり，花の 4 つの領域について，3 種類の遺伝子のうち遺伝子 A は領域 1（がく片）と領域 2（花弁）で，遺伝子 B は領域 2（花弁）と領域 3（おしべ）で，遺伝子 C は領域 3（おしべ）と領域 4（めしべ）で働き

ます.そして,遺伝子Aと遺伝子Cはお互いに抑制し合いますので,どちらかが働かなければもう一方が働きます.

このように,それぞれの遺伝子が順序良く正しい組み合わせで働くことで,葉っぱは花に変化するのです.ですから,3種類の遺伝子がすべて変異して働かなくなればすべての領域から葉っぱが作られることになり,このことはシロイヌナズナやキンギョソウの実験で証明されています.

このモデルは他の種類の花にもよく当てはまり,例えば,サクラの八重咲きもこれらの遺伝子の変異で説明できます.図3・5に示した変異体の模式図を見てください.突然変異で遺伝子Cが働かなくなれば,領域1では遺伝子Aが働いてがく片ができます.領域2では遺伝子Aと遺伝子Bが働き花弁ができます.そして,領域3は本来は遺伝子Bと遺伝子Cが働いておしべができるところですが,遺伝子Cの代わりに遺伝子Aが働いて,おしべは花弁になります.領域4は本来めしべができるところですが,遺伝子Aだけが働くのでがく片が作られます.その結果,領域の外側から,がく片+花弁+花弁+がく片となって,たくさんあるおしべ1本1本が花びらになりますので,花びらの多い華やかな花になるのです(図3・6).

植物としては,このような突然変異は困ります.おしべとめしべのどちらかまたは両方がなければ種子を作れず子孫が残せません.ところが,人間はこのような変異タイプを,挿し木などの工夫をしてまで好んで栽培してきました.特に八重咲きの花は美しいものです.たとえ子孫が残せなくても,人のおかげで繁殖に成

図 3・6 八重桜

功したということでしょうか．そういう意味では，自力で子孫を残せないけれども，人の心をとらえて楽しませることで人と共生をしているといえるかもしれません．

3・2・2 種子を作るしくみ

種子のできかた

ここでは，種子のできるまでをお話しします．ほんのしばらく，高等学校の復習だと思ってお付き合いください．よく覚えておられる方は，読みとばしてくださってもかまいません．

図3・7a は，花のおしべとめしべを大げさに描いたものです．花には前に述べた，種子が皮（心皮）に包まれる被子植物と，心皮がなくて皮に包まれた種子を作らない裸子植物の2種類があります．ここでは，被子植物の花でどうやって種子が作られるのかをみていきたいと思います．

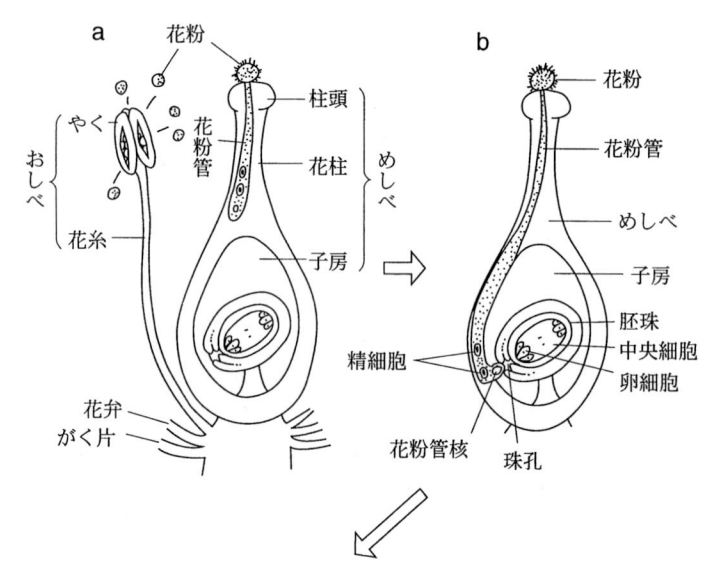

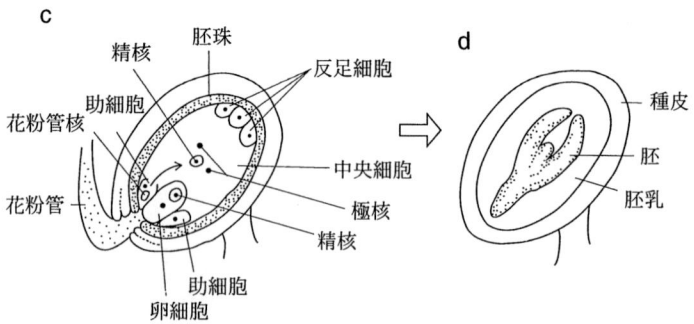

図 3・7 重複受精
　　a：おしべとめしべの構造，b：花粉管の伸長，c：受精，d：種子．

3・2 植物の生殖

　図のめしべの先を柱頭といい、この部分に成熟した花粉がつくと、これを受粉と呼びます。受粉とは花粉を受け取ることですから、花（めしべ）側が主体です。また、授粉という言葉もありますが、これは花粉を授けるという意味なので、風や昆虫などの送粉者（ポリネータ）が花粉を運んできて、めしべの柱頭につけてやるということで、ポリネータが主体となります。

　花粉の細胞は特殊で、通常は植物でも各細胞に核が1個ずつあるのですが、柱頭に付着した花粉では核が分裂して3個になっています。そのうち、種子を作るのに必要な核は精核といって2個あります。残り1個は花粉が管（花粉管）を伸ばす作業を担う花粉管核と呼ばれる核です（図3・7b）。

　一方、めしべの方も種子を作る準備をして、精核と出会えるのを待っています。めしべにある種子を作る細胞は、花粉に対して胚のうといいます。胚のうは、7つの細胞が集まった構造物で、そのうち1個の細胞だけが核を2個もちます。なぜこんな複雑になるかというと、まず、1個の種子を作る部屋（胚珠）の出発は1個の細胞です。それが、生殖のための特別な細胞分裂（減数分裂）をして、4つの細胞になります。そしてこの4つのうち、1つだけ残してあとは退化させます。この残った細胞を、胚のうのもとになる胚のう母細胞といいます。そしてさらに、胚のう母細胞の核は3回分裂して、核を8個まで増やします。そして一番大きな中央細胞は、核を2個もち、あとは核1個に対して1個ずつの細胞になり、最終的には7細胞8核の胚のうができるのです（図3・7b）。

種子を作るためには，胚のうの中の1個の卵細胞の核と，中央細胞の2個の核とがそれぞれ精核1個ずつと出会い，融合（受精）しなくてはいけません．この受精はこのように2か所同時に起こるので，これを重複受精といいます（図3・7c）．そうして卵細胞の核と精核が受精することで種子の胚ができ，中央細胞の2個の核（極核）と精核の受精によって種子の胚乳ができます（図3・7d）．胚は種子が発芽すると芽になる部分で，胚乳は発芽のときに必要な栄養分となります．

さて，柱頭についた花粉を思い出してください．受粉からしばらくすると，花粉の表面からニョキッと突起物が出てきます（発芽）．これが花粉管になります．胚のうは柱頭からずいぶん遠いところにありますので，花粉は，精核を送り込むために花粉管を伸ばさなければなりません．柱頭についたたくさんの花粉から花粉管が次々進入しますが，その中の一番速いものが胚のうの入り口へたどり着きます．それにしても，眼がついているわけでもない花粉管の先が，よく間違えずにまっしぐらに胚のうの入り口へ向かえるのか不思議ですね．それについては，園芸店でよく見かけるトレニアの花を使って面白い実験がなされています．その結果，助細胞が卵細胞のありかを正しく教えて，花粉管を誘導しているのではないかということがわかりました．けれども，このような受精のプロセスについては，よくわかっていないことがまだたくさんあります．

自殖と他殖

このように植物では，めしべで花粉を受け取ったあと，1個の胚

のうは，数ある中からたった1個の花粉と，このような複雑なしくみを経て新しい命を誕生させます．ですから，どの花粉が当たるかによってずいぶん様子が違ってきそうです．先ほども言いましたように，どの花粉と受精するかはランダムですから，めしべはたくさんの花粉を受粉できる方が，より繁殖に有利な相手を選ぶチャンスが増えるといえるでしょう．

そこで，花の構造をもう一度よく見てください（図3・3）．このような構造ですと，一つの花の中でお互いに受精できて都合が良さそうです．花粉もすぐ近くにふんだんにあります．ところが，これは花にとってはあまり喜ばしくはないことなのです．このような生殖の形態を「自殖」と呼びますが，この方法では近親交配となり，近交弱勢といってお互いに似通った性質が集団内にプールされてしまい，それが病気になりやすい性質であったり，一定の環境にしか適応できない性質であったりすると，生存に不利な状況を招くことになります．これを避けるために，植物はできるだけ他殖を望みます．

他殖とは，花粉を動くもの（ポリネータ）に託して交配し，子孫を残す方法です．多くの植物はポリネータとして水や風のような物理的な媒体や，動物（ハナバチ・ハナアブ・チョウ・ハチドリなど）を選び，他の個体の花の花粉をできるだけたくさん運んでもらおうとします．けれども，自分自身の花粉がめしべにつくこともももちろんあって，ある程度の確率で自殖が成立してしまうことは避けられません．

自殖を防ぐ方法

 そこで,その危険性を回避しようとする巧妙なしくみがあります.三つご紹介しましょう.

 一つめは雌雄異熟性といって,一つの花の中でおしべとめしべの成熟時期が違うという性質です.例えばオオバコは,細長い花茎に沿ってたくさんの小さな花がびっしりと並んでいますが,花茎の下から上へ向かって順に咲いていくことが知られています.そのとき,それぞれの花の中ではめしべがおしべに先行して成熟します.ですから,成熟しためしべは常に成熟したおしべの上方にあり,物理的に自分自身の花粉がかかる機会はなく,風などのポリネータによって運ばれてきた他の花の花粉と交配するのです.

 二つめは雌雄離熟性で,例えばトウモロコシがこれにあたります.おしべとめしべを空間的に離して配置することで,お互いの受精を妨げようとするものです.トウモロコシでは,雄花（おばな）が植物体のてっぺんにあり,雌花（めばな）の方は植物体あたり数個ずつ葉の根元に位置しています.この雌花に対して,受精は,もっぱら風で飛んできた他の植物体の花粉と行われるしくみになっていて,自殖が妨げられています.

 三つめは,自家不和合性という性質です.この方法で自殖を回避している植物はアブラナなどです.たとえ自家受粉をしても,自分の花粉であることを認識して,生理的に受精を妨げる機構が働きます.ですから,受精は必ず他花の花粉としか成立しません.一見,静かで物言わぬ植物ですが,じつは私たちが思いもつかな

いような方法を編み出しているのです．

実際，一つめと二つめの場合は，自分の花粉を偶然受粉して自殖するチャンスもありえますが，三つめの自家不和合性の場合は，通常は間違いなく自殖を避けることができます．植物によってはこれらの方法を組み合わせてもつものもあります．

例えば後で述べるサクラソウは，雌雄離熟性と自家不和合性をあわせもって自殖を避けています．そして他殖のために特定のポリネータの確保もしています．このように植物は，驚くべき知恵で何とかして近親交配を避けようとしています．

ポリネータを確保することは，植物にとって確実に他殖するための都合の良い手段になります．風や水や不特定に訪れる昆虫まかせでは，花粉をいつ運んでもらえるかわかりません．ポリネータの確保に関しては，次のような面白い現象が知られています．

ハナシノブ科とシソ科の植物は，お互いにハチドリ媒花で，「科」が違うにもかかわらず，花の形態(2センチ以上の細長い筒状)が非常によく似ています．これは，同じポリネータを利用してきたことで，進化の過程で偶然似かよった花の構造になったと考えられています．これとは逆に，同じ種どうしでも，ポリネータが違えばそれぞれに応じて花の形態が多様になることも知られています．

花と，ポリネータとしての昆虫や動物との関係は，恐竜の時代に偶然成立しました．以来，お互いに自分自身の姿を変えてまでも共に生きようとする，生命のたくましさに感心せずにはおれません．

3・2・3 パートナーに花粉を託す

距に訪れる昆虫

ランの中には,花びら(花弁)の一枚が変形して細長い袋状になった「距」というものをもつ種類があります(**図3・8a**).ポピュラーなところでは,サギソウ(**図3・8b**)やフウランにみられま

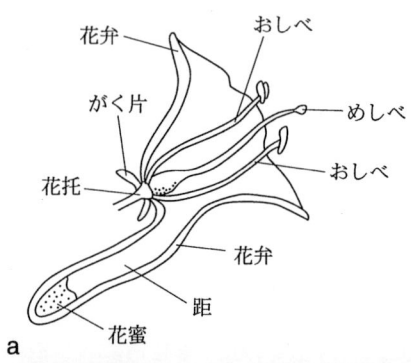

図3・8 距(花びらの変形)
　　　　a:模式図,b:サギソウの距.

3・2 植物の生殖

す(口絵2頁参照).ランだけでなく,スミレやオダマキももっています.この距の袋の先には甘い蜜が蓄えられています.虫たちはこれをよく知っていて,長い口を差し入れてこの蜜を食べに来ます.でも,なんだか食べにくそうですよね.なぜ距に蜜をためるかというと,これを食べることのできる昆虫を,花の方で選り好みするためだと考えられています.それは,長い距の先まで口の届く昆虫しか蜜にありつけないからです.相手が特定されるということは,昆虫にとっても競争相手が少なくなることになり,好んでその花を訪れるようになります.

これは,花にとっては意外と大事なことで,自分の花粉をつけて飛び立ったポリネータには,自分の仲間の花を訪れてもらいたいのです.サギソウの花粉をつけた昆虫が,キョウチクトウやヒマワリに行って花粉をばらまいても種子はできませんから,なんにもなりません.そういう意味では,距は特定のポリネータを確保することにつながります.

それが極端なものになると,距が30センチにもなるランがあるそうです.マダガスカルに生育するランで,アングラエカム・セスキペダレといいます.この花を訪れるのはスズメガの仲間であることがわかっています.一般的にはこの昆虫の口はそれほど長くないそうなのですが,この花の蜜を吸えるぐらい長い口をもつザントパン・モルガニ・プラエディクタという蛾が発見されているそうです.このようにお互いに長く伸びたのには理由があると考えられています.

まず,ランの花の花粉は,花びらの付け根,距の管の入り口付

近にあります．ですから，昆虫が距に口を差し入れたとき，花粉が昆虫の頭にくっつく仕掛けになっています．ランはそうして自分の花粉を運んでもらうのですが，昆虫の口のほうがずっと長くて楽々蜜を吸えるようなら，昆虫の頭はランの花粉に当たりません．それではランは困るので，距をもう少し長く伸ばして，昆虫が頭まで奥に差し入れないと蜜が吸えないようにし，花粉を昆虫の頭になすりつかせます．でも，距が伸びると，口が距の底まで届かず，最後まで蜜が吸えないので，ちゃんと届くように口が伸びてきます．そうすると花の方も距を伸ばして…というように，お互いに影響し合い，共に進化してきました．その結果，この驚くほど長い距をもつ花になり，とうとうその蛾以外は蜜が吸えなくなってしまったと考えられているのです．両者の関係は1対1の共生ですが，それは蛾がいなくなったらこのランも滅んでしまうことを示します．

熱帯のバケツラン

メキシコの熱帯地帯には，驚くほど多様な生物が住んでいます．なかでも，ランは1千種近くにもなるそうです．そして，ラン植物そのものは地球上に登場してからわずか8千万年ほどしかたっていません．植物の誕生がおよそ4億年前ですから，ランはまだまだ新参者です．それで，ラン植物が生まれたとき，現在みられる他のほとんどの植物はとっくに生まれていて，ところ狭しとひしめき合っていました．ですから，熱帯の森には，すでにラン植物の住まいになるスペースがほとんど残されていなかったと考えられます．

そこでランが行き着いたのは，高くそびえる木の幹でした．そこに根を張ってたくましく生きる道を選んだようです．ただ，その場所は雨水を蓄えておくことができず，灼熱の太陽が照りつけるとても過酷な環境です．特に水は，生命の維持にとって大きな問題ですから，ランは根っこに工夫して，雨水をぐんぐん吸収する特殊な組織で根をくるみました．この組織は濡れると透明になって，その下の根の緑色が透き通って見えてきます．そうして光合成もやってしまいます．

また，乾燥に備えて茎の根元を膨らませてそこに栄養や水分を蓄えることのできるランもいます．このように，誕生の時から厳しい環境を生き抜く試練を与えられたランは，生き残りをかけてとても巧妙に進化したようです．そのうち最も複雑で多様な形やしくみがみられるのは，花の部分です．それでは，花びらをバケツのようにして水をためる，バケツランというへんてこな名前のランを調べてみましょう．

バケツランと昆虫の共生

メキシコの熱帯の森では，ものすごく多くの種類の生き物がいると言いましたが，それぞれの数は少ないそうです．たくさんの種類が限られた場所で生活するためには，それぞれが仲間で群れるようなスペースはないのでしょう．多種多様な生き物が同じ場所で住む，つまり共生するための自然の法則のようなものでしょうか．ですから，例えば植物などは1種類が1個体ずつ生き，仲間はどこかわからないずいぶん離れた場所にいることがほとんどだそうです．

さて，広い森でバケツランを探すのは，本当にたいへんそうですね．なぜなら，その場所にはおそらく，たった一株で暮らしているからです．しかも，木の幹の上の方となれば地べたからはもっとわかりにくいです．熱帯の木は背が高く，数十メートルにも伸びていますから….

　そうしていると，地上およそ30メートルのあたりに一株のバケツランが見つかり，黄色い10センチほどの花のつぼみが見えます．そしてその表面にはたくさんの小さな用心棒がうろつきまわっています．それはシリアゲアリという攻撃的なアリの仲間です．アリたちは，つぼみの表面の甘くておいしい分泌物がめあてなのですが，このランの根のところに住んでいます．それは，自分たちが運んできた土の粒とからませたもので，ランが種子を作るとそれももち込んで発芽させ，巣に根っこをからませて頑丈にしていきます．

　ランの方も，アリが運んできた土やアリの食べ残しを根っこから栄養として吸い取って暮らすことができます．また，このどう猛なアリは，つぼみを食べたりランに害を及ぼしたりするような他の昆虫を，寄ってたかって追い払ってしまいます．なわばり意識からでしょうが，動けないランにとっては大助かりの頼りになるヤツというわけです．

　こんなふうにお互いさま，立派な共生です．そうするうちにつぼみが開きます．開花です．大きなゾウの耳のようながく片がパカンと開きます．ランの花は3枚のがく片と3枚の花弁からなりますが，がく片のもう1枚は花の上方にちょこんとついています．

花弁はその1枚が独特の形をしていて、中央から垂れています。これをランでは唇弁（リップ）といいます。

例えばサギソウの唇弁（**図3・9**）は、白鷺が羽ばたいているような形をしています。バケツランでは、唇弁が大きく発達してバケツのように袋状に進化しました。その中には、花から染み出るトロッとした水のような液体がためられます。唇弁の先はキノコのように丸く膨らんでいて、ここから良いにおいの香水が放たれます。今度はこの香水をめあてに、遠くから緑の金属色に輝く小さなハチ（シタバチの仲間）がやってきます。アメリカの熱帯に住むこのハチは、行動範囲が広く20キロメートルも移動することが知られています。香水をもって帰って雌をおびき寄せ、交尾す

図3・9 サギソウの花の唇弁
写真手前の、鷺（サギ）が羽ばたいて見える大きな花弁が唇弁。

るのが目的です．

ところがバケツランは，タダで香水をサービスするわけではありません．このハチには二つの災難が迫っています．ハチが一心不乱に香水をかき集めていると，その部分がツルツルしているので，うっかりバケツの水の中に落ちるものが出てきます（でも，みんなが落ちるわけではありません）．最初の災難です．そう，お察しのとおり，いったん落ちたハチは，はい上がることができません．バケツの内側の壁はツルツルなのです．絶体絶命でしょうか．あとで述べる，ウツボカズラという食虫植物ならば食べてしまうところです．

ウツボカズラはランではありませんが，よく似た袋をもっていて，自分がためた液体に落ちてきた昆虫を溶かして食べてしまいます．バケツランはそんなむごいことはしません．じつは1か所だけ脱出口を用意しています．落ち込んだハチはすぐそれを見つけて，やれやれという感じで出て行けます．よかった，よかった…？　これだけだと話がうますぎて，「なんだ，ハチと遊んでいるのか？」と思いたくなりますが，これはバケツランの秘策なのです．ランとしては，落ち込んだどんくさいハチをわざと脱出口へ向かわせ，バケツの中から外へ飛び立ってもらうことに意味があるのです．

バケツランのたくらみ

その仕掛けはこうです（図3・10）．花の脱出口の手前には，ご丁寧にハチが足をかける踏み台のような出っ張りがしつらえられています．ハチを脱出口へ，楽に間違いなく向かわせるためでし

3・2 植物の生殖

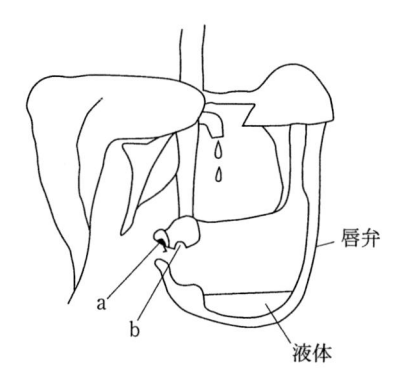

図 3・10 バケツランの断面図
a：おしべ，b：めしべ．

ょう．もう，これだけでも「臭い」と思いませんか．そして，そんなことはよそに，ハチは素直にヤットコサとよじ登って脱出口へといとも簡単に向かいます．やれやれと思うのもつかの間，ここで第二の災難です．脱出口が狭い！ もうちょっとで出られるのに，なかなか出られない…ともがいたあげく，やった，出られた！ というとき，ランはハチの背中に自分の小さな黄色の花粉の袋（花粉塊）をしっかりと取り付けます．

ランのたくらみは，これなのです．じつは，バケツランの花粉は，その狭い脱出口の出口にあります．花粉袋には何十万個という花粉の粒がつまっていて，袋の端には糊がついており，その部分が飛び出すハチの背中にうまく付くようになっているそうです．

前にも述べたとおり，熱帯の森では仲間は遠く離れている可能

性が高いのです．動けないランも，他殖をしたいという事情は一緒です．では，どうするかというと，動ける動物，それも何キロメートルも移動できるシタバチの仲間を，ポリネータに選びました．ランの種子はものすごく小さくて軽いものです．その小さい種子をたくさん作りますから，花粉も1個や2個では間に合いません．ですから，花粉袋には一つの花に十分な数の花粉がつまっていて，一度に運んでもらおうとするのです．

　一方，無事自分の花粉をゆだねたバケツランの花も，自分だって受粉したいに決まっています．さあ，何キロメートルも離れた仲間の花粉を，ハチは運んできてくれるでしょうか．花の寿命はたった3日だそうです．その限られた時間に，天気にも恵まれ（雨が降ると花の香水も出ませんし，だいいちハチが飛べません），他の仲間の花粉を背負ったハチが来てくれれば，種子を作れます．

　ここで，うまく花粉をもったハチが来たとしても，もう一度，災難にあってもらわねばなりません．ハチは何も知らずに，やはり香水をせっせと集めにかかります．そうすると，やはりどんくさいのがいて，ツルッと足をすべらせてバケツに落ち込むものがでてきます．このハチは花粉を背負っていますから，別の花でもバケツに落ちた苦い経験をもつということですね．どんくさいのは，やはりいつもどんくさいのでしょうか．でも，大丈夫です．例の脱出口を見つけて淡々と脱出をはかります．狭いけれど出られるもん！とばかりにえいっと飛び出すと，なんとハチから花粉袋はとれています．

　これも，バケツランの秘策で，脱出口の花粉のあった場所（お

しべ)の少し内側にめしべのくぼみがあって,このくぼみでハチのもってきた花粉袋をすっと受け取るしくみになっています.脱出口の途中,手前にめしべがあっておしべが出口の先の方にあるのは,ハチの脱出の方向にうまく合った配置ですね.最初のハチは,飛び出す瞬間に花粉袋をつけて行きますから,花粉を背負ったまま脱出口を出たり入ったりしません.ですから花粉の動きは一方向で,しかも出口の一番先についているので,間違っても自分のめしべに自分の花粉がつくことはないのです.これは必ず自殖を避けることができる,素晴らしいしくみです.植物は動けないからこそ,他の生き物を自分の思うようにコントロールしています.コントロールといっても一方的に支配するやり方でなく,自分の一部を提供することで相手にメリットを与えて惹きつけ,共生しているのですね.

3・2・4 同花受粉

さて,植物はできるだけ自殖を避けようと懸命なわけですが,ポリネータが現れない場合もあります.特に,ツユクサなど寿命が一年の植物は,自分の代で子孫を絶やすわけにはいきませんから,どうしても種子を作らなければなりません.そのためのツユクサの執念と悲痛なまでの戦略をご紹介します.

ツユクサの花は,夏の早朝から咲きますが,日が昇ってギラギラ暑くなるお昼には花を閉じて命を終えます.受粉するには,朝の数時間の間に昆虫に来てもらわなければならないのです.

そのために,まず,図3・11の写真のように花びらの付け根近くに大きな3本のおしべを目立たせています.じつはこのおしべ

図 3・11 ツユクサの花
a：めしべのある花，b：めしべのない花．

は，虫を誘うための飾りなのだそうです．本当のおしべは，フォークのように長く突き出た2本のおしべと中央のY字型のおしべの3本です．これにはうまいからくりがあります．昆虫の目的は，蜜や花粉を食べることなので，花粉を運んでもらうにしても，ツユクサの場合は開花のわずかな時間が勝負ですから，せっかくの花粉を食べられてしまうだけでは困ります．そこで，昆虫がダミーのおしべを相手にしている間，本物の花粉は，食べられる前に虫の体にくっつこうという作戦なのです．

さらに面白いことに，ツユクサにはめしべのある花（図3・11a）とない花（図3・11b）があり，めしべのない花では花粉だけ作ります．種子を作るのはとてもエネルギーのいることなので，省エネというわけです．

これだけ用意周到なツユクサですが，もしも虫が来てくれなかったときのための最終手段も用意されています．それが同花受粉

です。ツユクサの花が咲き終わると、ただシュボッとしなびるのではなく、おしべの先から内側へ巻き込むように閉じていきます。このとき、めしべのある花では、本物のおしべに並ぶ位置にめしべが伸びていますので、巻き込まれるときにおしべとめしべが絡み合って、受粉できるしくみになっています。これは自殖ですから、できれば避けたい受粉方法ですが、やむをえません。少なくとも確実に種子を残せるのです。花の命の最後の最後まで、とにかく種子を作るというのには、すごい執念を感じますね。

　このような同花受粉は、オシロイバナでもみられます。オシロイバナは昼間の数時間だけ咲いて、その日の夕方にはしぼんでしまいます。やはり、もし他殖のチャンスがなかったら、しぼむときにおしべとめしべをくるっと巻き込んで接触させます。これも確実に種子を残す手段です。

　さて、動けない植物は、なんとかして種子を残そうと必死ですね。そしてできれば他殖を望んでポリネータというパートナーをもち、いろいろな工夫を凝らして受粉の機会をうかがっています。そのためにはランのように、ポリネータを限定して共生するのが有利な面もありそうです。けれどもそれは、限定したパートナーが必ず来てくれることで成り立つ関係でした。しかしパートナーは永久に決まったときに来てくれるものでしょうか。その鍵は、パートナーに関わる別の生き物が握っていることがあります。次節では、共生する植物と昆虫、そして両者と意外な関わりをみせる動物たちのネットワークをご紹介します。

3・3　サクラソウの生き物ネットワーク
3・3・1　サクラソウが減ってしまった

　サクラソウをご覧になったことがあるでしょうか．春先に濃いピンク色のかわいらしい花が咲きます．ひと昔前の小学校の入学式では，担任の先生によって黒板に大きく書かれた「にゅうがくおめでとう」の文字の周りに，タンポポやサクラ，そしてサクラソウの花が色鮮やかに描かれていたものです．やっと自分でお絵かきができるようになった子どもたちにとって，ピンク色と緑色の取り合わせのサクラソウは，なんとも魅力的に心に映ったものでした（口絵1頁参照）．

　ところが，野山で自然に咲くサクラソウを見たことのある人はほとんどおられないのではないでしょうか．春先になるとお花屋さんで園芸用として売られますので，それで見たことがあるくらいだと思います．ずいぶん昔のことですが，明治時代ごろまでは川原などで自然のサクラソウがみられたそうです．その後だんだんと姿を消し，今では絶滅危惧植物に指定されています．

　では，なぜ減ってしまったのでしょう．サクラソウがあまりにも可愛いのでたくさんの人が採りつくしてしまったのでしょうか．環境破壊のせいでしょうか．

　今，関東の平野部でただ一か所だけ残っている自生地は，埼玉県さいたま市の田島ヶ原で，国の特別天然記念物に指定され，サクラソウ保護区になっているそうです．自生地というのは，誰かによって植えられて，そこで栽培されたお花畑ではなく，昔から自然に生えていて今もなお残っている場所をいい，そこではサク

ラソウが,約4ヘクタールの土地に約70万株生育しています.まだ残っていると,ほっと胸をなでおろしたいところですが,最近,ここのサクラソウがほとんど種子をつけないのだそうです.サクラソウの寿命は数十年ですが,いつか枯れますから,種子ができなければ今度こそ本当に減って,いなくなってしまいます.いったいどうして種子ができなくなってしまったのでしょうか.詳しい理由は,私たちには真似のできない,サクラソウとそれをとりまく巧みな生き物どうしの関係が鍵となっています.それでは,サクラソウの生き物ネットワークの世界を覗いてみましょう.

3・3・2 サクラソウのプロフィール

それでは,まず,サクラソウについて調べてみます.サクラソウ(学名は *Primula sieboldii*) は,サクラソウ科サクラソウ属の植物で,中国ヒマラヤ東部で最も種類が多く(225種),ここが起源地であろうと推定されています.サクラソウ属(*Primura* プリムラ属)の世界の分布域は,ヒマラヤから中国にかけて最も多く,アジア・トルコ・アラビア・シベリア・日本・ヨーロッパ・北アメリカ・カナダ等の北半球と,南半球は南米の最南端で,全部で500種ほどになります.

日本でみられるサクラソウの仲間(サクラソウ・エゾコザクラ・ユキワリソウ・ヒナザクラ・クリンソウ(図3・12)・カッコソウ・イワザクラなど)は14種(変種を入れると20数種)で,そのほとんどは,高山など涼しくて栄養があまり豊富ではない場所に住んでいます.

ところがサクラソウは,暖かく栄養いっぱいの土のある低地で

図 3・12 クリンソウ（*Primula japonica*）（六甲高山植物園）日本に産する野生のサクラソウの代表．a：花が輪状につく様子．仏塔の相輪の「九輪」に似ていることから「九輪草」と呼ばれる．b：花の拡大．c：群生するクリンソウ．

も自生でき，この仲間の中では珍しい種といえます．また，園芸品種としても有名で，日本では，江戸時代におよそ300種類も作られたそうです．そしてそれらは今でも受け継がれ，新たな品種も生まれています．ヨーロッパでも園芸に利用されていて日本へも入ってきており，ポピュラーな品種としては「ジュリアン」や「ポリアンサ」などがあげられます．花は大輪で全体に丸く，その色彩もピンク・赤・黄・白など様々です．背丈もずいぶんずん

ぐりしていて，野生のサクラソウの風情とはだいぶ違います．そのような園芸品種は，自然のサクラソウとは違い，人間が好んで植木鉢や花壇で維持してきました．このようにサクラソウは，その可憐な美しさで私たちの目をとらえて離さなくなったということでしょうか．

サクラソウやその仲間たちが生まれたのは，いつごろでしょうか．その起源地と思われる中国ヒマラヤ東部の山脈ができたのが2千万年前以降だそうですので，サクラソウ属の誕生は，さらにそれより後ということになります．花をもつ植物の誕生がおよそ1億年前のことですから，サクラソウ属は意外と新しい種であるといえます．さらに，「サクラソウ」は，日本の中でもこの種だけが他の種とは異なった環境に適応していることから，より進化した比較的新しい種といえるようです．

サクラソウの研究で著名な鷲谷いづみ博士は，サクラソウの生活圏が人の生活域に及んでいることから，両者は共生関係にあったと述べておられます．つまり，人の手が入り整備された草原こそサクラソウの住みやすい環境となり，人は美しいサクラソウの咲く春を楽しみにしていたということです．そして近年，環境の整備が進むほどに，私たちが気づかない重要な影響を自然界に及ぼし，めぐりめぐってサクラソウの衰退を引き起こしていたということがわかってきました．

3・3・3 サクラソウの花の構造と生殖様式

その事情をお話しするために，まず，サクラソウの花の構造と生殖の様式からご説明します．サクラソウの花はがくから花びら

まで(花筒)が比較的長く，1枚の花びらが5片に切れ込んで，その中央の小さな穴（花筒口）からめしべがのぞいて見えます．そしてサクラソウの花には，おしべとめしべについて異なる二つのタイプがあって，一つは短いめしべをもち，おしべが高い位置にあるもの(短花柱花)，もう一つは長いめしべをもち，おしべが低い位置にあるもの（長花柱花）です（図3・13）．

このような関係は異型花柱性といい，サクラソウ科やミソハギ科などの植物でみられます．これらのタイプの花では，同じ花の中のおしべの花粉とめしべとはお互いに受精しない，自家不和合という性質を示します．つまり，自家受精はできないということです（3・2・2項参照）．

ではどのように種子を作るのでしょう．じつはたいへん面白いことになっていて，短花柱花のめしべの高さと長花柱花のおしべの高さは同じで，短花柱花のおしべの高さと長花柱花のめしべの高さも一致します（図3・13）．そして，それぞれお互いが受粉・受精するしくみになっているのです．でも，その受粉は，ほうっ

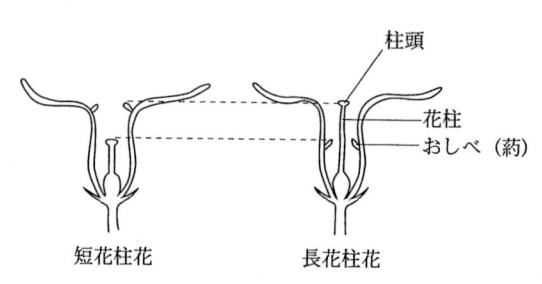

図3・13 サクラソウの二型花柱性

ておけば自然に起こるわけではないようです．花粉は少しベタベタしていますので，風などでパラパラと飛んでいってめしべに自然にくっつくことはできません．そのため，ある特定の昆虫が，花粉を運ぶ役目をしてくれているそうです．それはトラマルハナバチの仲間です．

3・3・4　サクラソウとトラマルハナバチの共生関係

トラマルハナバチの口は細長く特別な形をしていて，これはサクラソウの花の蜜を吸うために進化してきたと考えられています．驚いたことに，花筒の長さと口の長さはほぼ一致しているそうです．花筒が長いため，チョウなどの他の昆虫の口の長さとはマッチせず，トラマルハナバチだけがサクラソウの蜜を独占できます．

トラマルハナバチの巣作りは，春のまだ早い時期に目覚めた1匹の女王バチによって始まります．女王バチは，まず卵を産みますが，冬眠していたのでお腹がペコペコです．自分の餌を集めなければなりませんので探しにいくと，春一番のサクラソウが咲いてくれているという具合です．そのおかげで女王バチは安心して，産卵・子育てに励めます．このように，サクラソウの花筒とトラマルハナバチの口の長さの一致，および女王バチの営巣時期とサクラソウの開花が一致するという事実から，トラマルハナバチがサクラソウの唯一のポリネータであるということが明らかになったそうです．トラマルハナバチが近くに住んでくれなければサクラソウは種子を作ることができません．一方，トラマルハナバチもサクラソウが頼みの綱だったのです．両者は切っても切れない

共生の関係にあるといえます．

　ここでは，二者の生き物どうしの関係にとどまらず，もう少し広げて考えてみたいと思います．女王バチはしばらく一人で子育てをしますが，子どもたち（みんな雌バチです）が大きくなるとみんなが蜜集めなどを手伝うようになります．そして，女王バチはさらに幾度か産卵をするそうです．その間，トラマルハナバチの大家族を支えるのは，サクラソウの後に続き季節の移り変わりと共に次々と咲き乱れる，色々な種類のたくさんの花たちです．

　秋になるころ，数匹の新女王バチが生まれます．そして同時に生殖のための雄バチも生まれてきて，新女王バチと交尾をします．雄バチは交尾を終えると死にます．さらにみんなのお母さんであった女王バチも役目を終えて死んでしまいます．冬を迎えると，他の家族たちは寒さで全員死んでいなくなってしまいます．自分たちの遺伝子を新女王バチに託して．唯一生き残れるのは交尾をした新女王バチだけで，次の新天地を求めてたった一人で飛び立ち，次の巣穴を探します．

　トラマルハナバチは，営巣場所としてノネズミなどの小動物の古巣を利用するそうです．適当な場所を見つけたら土中の巣穴にもぐりこんで冬を越し，次の春が廻ってきたら目覚めて，その巣穴で自分の大家族を作り上げていきます．

3・3・5　サクラソウを守るということ

サクラソウをめぐるネットワーク

　さて，皆さんはもうお気づきのことと思います．サクラソウが生きるには，なんと多くの生き物が関わっていることでしょう．

3・3 サクラソウの生き物ネットワーク

まず，トラマルハナバチは，ポリネータとしてなくてはならない大切なパートナーです．サクラソウは，トラマルハナバチだけに蜜や花粉を餌として提供することで，自分の受粉，しかも「他殖」の機会を確保しているといえます．でもそのトラマルハナバチに近くに住んでもらうには，サクラソウさえいればいいというものではなく，サクラソウの花が終わった後にも，トラマルハナバチを養えるだけのたくさんの花が途絶えることなく，季節を通して咲き続けなければなりません．つまり，色々な種類の植物が周囲に根付いている必要があるということです．

さらに，トラマルハナバチが巣作りできるような小動物の古巣が必要なので，ノネズミなども周囲に住んでいなければなりません．このように，たくさんの種類の草花や昆虫，小動物など，これほどまでに自然が豊かであって初めて，サクラソウは命をつないでいけるのです．

ところが近年，人の手による環境開発や駆除によって，ネズミなどの小動物が急激に減少しています．昔は，用水路やどぶ川，ちょっとした溝などに，ドブネズミなどがちょろちょろと姿を現していたのをご存知でしょうか．よく思い起こしてみると，ここ20年間ほどで急に姿を消していると思われませんか．このような動物は，人の衛生上，感染症の媒体になるとも考えられることから徹底的に駆除が進められたようです．その結果，私たちの身に起こるかもしれない感染症などの疾病の予防にとっては大きな成果があったといえるでしょう．ただ，私たちの思いもよらないことに，それら小動物の駆除が，トラマルハナバチの生活の場を追

うことになってしまっていたようなのです．

　植物の方は動物の動きについてはいけませんから，サクラソウは花粉を運んでくれるパートナーを失い，絶滅を待つばかりです．さあ，たいへんなことです．私たちは，動けないサクラソウになんとかわいそうなことをしてしまったのでしょう．心やさしい皆さんは，きっと心から心配してくださっていることと思いますので，少しだけご安心いただけそうな話をしましょう．植物はその固着性から，リスクをできるだけ回避する能力ももっているのです．

自殖に頼る危うさ

　サクラソウの場合，例外的に，一つの花の中でおしべとめしべの高さが一致する等花柱花というタイプの花も存在します．この構造の花では，かろうじて受粉と受精を行うことができます．パートナーを失ってしまったら，最後の手段として自殖もやむをえません．

　でも，この手段は，一時的には有効でも，長く続けるとやはり悲惨な結末を迎えてしまうことになります．せっかくサクラソウの現状に少し希望がもてたところで申し訳ありませんが，どうなるかというと，自殖による種子ばかりになってしまったら，性質がどんどん均一化されてしまい，豊かな多様性は失われていきます．

　最初のころはうまく環境に適応して命をつないでいけても，種子が落ちた場所はいつも一定の環境とは限りません．ましてや，気に入らなければよりよい環境を求めて移動できる動物とは違

い，植物は，いったん芽が出ればそこで一生を過ごすわけですから，環境が寿命を決めるといっても過言ではないでしょう．自殖によって生み出される子孫は，代を重ねるごとに，環境への適応能力のバリエーションがたいへん限られてくることになります．致命的な環境下にさらされれば，またたく間にそこらじゅうのサクラソウが全滅する悲しい事態は避けられません．

　自殖が生殖手段のほとんどを占めるような時代を，サクラソウは経験していません．いくら進化できるといっても，人による環境変化のすさまじいスピードにはとてもついていけないでしょう．サクラソウは，去年来てくれたトラマルハナバチが必ず今年も来てくれると信じて，じっと彼女たちを待っていたのです．待っても待っても来てくれないパートナーを，一生懸命待ったのです．サクラソウが，命からがら瀕死の状態で命をつないでいる状況を想像していただけるでしょうか．そして，そこまで追い込んでしまったのは私たち自身であるということも．

「生き物のネットワーク」を守る

　「サクラソウを守るためには，周囲の自然ごと，そっくりそのまま守らなければならない．」

　環境保全の研究をしておられる前述の鷲谷いづみ博士は，このように述べておられます．サクラソウを絶やさないようにするために，サクラソウの気に入りそうな場所へ移植し，人や動物が入って荒らさないように囲いなんかして，お水もやって…はい，これで守れるでしょう…ではないことはおわかりいただけたと思います．

最初にお話しした田島ヶ原でも，都市化と共にゴルフ場や工場に取り囲まれ，周辺の環境が急激に変わってしまいました．それで近くに小動物や昆虫が住めなくなってしまったようです．サクラソウが種子を作れなくなったのはそのせいだったのです．サクラソウだけを手厚く保護してもうまくいかないことが，こうなって初めてよくわかったのですね．では，人工的に授粉を手伝ってあげてはどうかというご意見もあるかと思いますが，それも限界があるでしょう．特に野生の植物の生の営みは繊細なメカニズムで成り立っていますので，絶妙なタイミングを人が再現するのは至難の業です．

　結局，多様な生物の絶滅をくいとめるには，レッドリストに載ってしまった野生の希少生物だけピックアップして保護するのではなく，それを取り囲む「生態系＝生き物のネットワーク」をよく勉強して，生態系ごと大きく包むように守ることが最良の手立てであるといえます．

　ここでは，サクラソウを例に，サクラソウの立場に立って考えてみました．そこでもう少し考えてみてください．私たちヒトも生き物です．生き物である以上，食料にしても生き物との共存に頼っています．サクラソウとはまた違うネットワークが形成されているでしょう．私たちは意識しないうちに，生き物が何万年もかけて築きあげてきた共生のネットワークのバランスを，少しずつ狂わせているといえそうです．私たちは多くのことを知っているようでいて，本当に大事なことをまだ知らないのかもしれません．それは，人の生存そのものに関わっていくことかもしれない

のに，です．

3・4 植物と昆虫の世界
3・4・1 イチジクとイチジクコバチ
イチジクという植物

　サクラソウのように，受粉の手助けをしてくれる相手が決まっているような，植物と昆虫の関係は他にもみられます．例えば，イチジクとイチジクコバチの関係がよく知られています．

　イチジク（クワ科イチジク属）は，世界に約800種あるといわれ，有名な「菩提樹」も，じつはこの仲間です．菩提樹といえば，私たちが日本の寺院で親しんでいる木はシナノキ属の植物 *Tilia miqueliana*（シナノキ科）なのですが，仏教のルーツ，インドでは，イチジク属の *Ficus religiosa*（クワ科）を菩提樹（和名はインドボダイジュまたはテンジクボダイジュ）と呼び，釈迦がこの木の下で悟りをひらいたといわれます．もともと仏教でいう菩提樹はクワ科の木です．でも，中国や韓国でも日本と同じで，シナノキ科の木を菩提樹と呼ぶようです．熱帯に住むインドボダイジュは日本や韓国，中国の気候には合わず，葉っぱや実の形が似ていたことから，仏教が伝わるときにインドボダイジュの代わりにシナノキを菩提樹と呼ぶようになったのでしょう．

　さて，イチジク属は雄花と雌花の特徴で4つのグループ，アコウ亜属・ファルマコケシア亜属・シコモルス亜属・イチジク亜属に分かれます．山地で見かけるイヌビワは，雌の木と雄の木が別々になった雌雄異株のイチジク亜属で，暗紫色に熟す雌株の花の実

を食べることができますが，雄株の花は食べられません．

　イチジク亜属以外は雌雄同株で，一つの花の集まり（花のう）の中に雄花と雌花があります．花のうは受精して種子が成熟すると実（果のう）になり，動物の餌になります．ちなみに，インドボダイジュはアコウ亜属に属します．

　では，私たちが普段食べているイチジクはどうなのでしょうか．それは，*Ficus carica* と呼ばれる栽培種です．これもイヌビワのように雌雄異株なのですが，受精しないでも雌花が発育しますので(単為結果)，雌株のほうを栽培して，これを果実として食用にしています．果実内には種子様のものができていますが，種子ではなく芽は出ません(授粉してやれば種子を作ります)．このように，食用に栽培しているイチジクは，挿し木によって人の手で増やしますので受粉を必要としませんが，野生のイチジクの実は，受粉によって種子を作らねばなりません．

イチジクの受精とイチジクコバチ

　野生のイチジクのうち，雌雄同株のものは，一つの花のう中の雄花と雌花が時期をずらして咲きます．雌雄異株のイチジクでは雌の木（雌株）に雌花の花のうができ，雄の木（雄株）に雄花の花のうができ，それぞれ違う時期に咲きます．いずれも各イチジクに対応する専用のコバチ（小型のハチの仲間）の働きで受精することができ，種子を作ります．

イチジクコバチ

　このようなイチジクの仲間は主に熱帯地方

でよくみられ、年中次々と実が熟します。熱帯林では色々な種類の植物が実をつけますが、その時期がほぼ重なっている（一斉結実）うえに、結実から次の結実までの期間が長いので、実のない時期には、鳥や哺乳動物にとってはイチジクの実が頼りになります。ただ、野生のイチジクの実は栄養分が少なくてあまりおいしくないらしいのですが、これしか餌がないときもあるわけですから動物たちは食べに来てくれます。そのおかげでイチジクにとっては種子をあちらこちらにばらまいてもらえますので、ここでも共生関係が成り立っていますね。

「イチジク」は漢字で「無花果」と書かれるように、一見、花らしきものが見えません。図3・14のように、イチジクの花（雄花と雌花）はものすごく小さくて、内側に巻き込まれる形で花のう

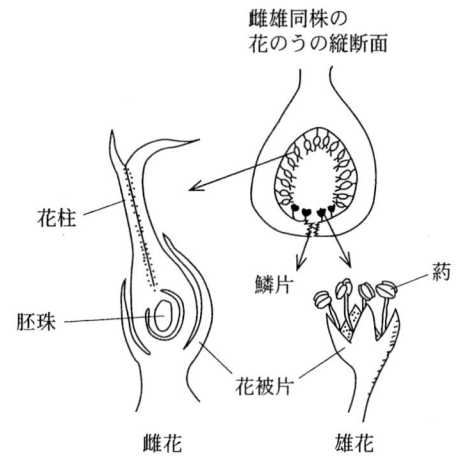

図 3・14 イチジクの花（花のう）

の内部，内壁に並んでいます．このように，花はたしかにあるのですが，花びら（花被片）やめしべもおしべも外から見ることができません．ですから，青い実（花のう）を眺めていても，いつ花が咲いて，いつ熟しているのかさっぱりわかりません．おまけに花のうの唯一の入り口は，いつも鱗片で堅く閉じられていて，色々な昆虫や風や雨が決して入れないようにガードされています．

そしてイチジクは他家受粉で種子を作ります．他家受粉というのは，自分以外の花の花粉をもらって受粉することです．イチジクは，花のうの中で花粉をまきちらして雌花と雄花で自家受粉することは決してありません．ましてや雌雄異株なら，花のうはいつも閉じているので，花粉を風に乗せてばらまくのは難しいことです．そのうえ，雌花と雄花の成熟の時期が違うので，花粉がたどり着いてもめしべに授粉するのは絶望的です．

ですから，花粉の受け渡しはコバチに手伝ってもらうわけですけれども，出入りの難しそうな閉じられた花に，どうやって外からうまく花粉をもち込むのか不思議ですね．じつは，そのためにイチジクとコバチとは強い共生の絆で結ばれているのです．まず，雌雄同株のイチジクを例にあげてご説明しましょう．

イチジクとコバチの強い絆

受粉にはコバチの働きが必要だといいましたが，1種類のイチジクには自分専用のたった1種類のコバチがいます．日本でも15種類の野生のイチジクが知られていて，イヌビワにはイヌビワコバチ，オオヤマイチジクにはオオヤマイチジクコバチ，ガジュマ

ル（熱帯地方に生息．大木にまとわりついて縛って枯らす「絞め殺し植物」として有名）にはガジュマルコバチというふうに，1種対1種の共生関係が成り立っています．ですから，基本的には1種類のコバチは，必ず自分の共生相手のイチジクのところにしか訪れません．もっとも，最近の研究では，実際にはある程度の柔軟性もあって，地域による変化も予想されています．いずれにしても，イチジクとコバチの両者は1種対1種の仲で，お互いの存在なしにはお互いに子孫を残すことができません．

　まず，イチジクは，雌花が先に咲きます．めしべが成熟したとき，わずかに鱗片（図3・14）が開いてここに隙間があきます．ここがコバチの入り口になりますが，まるで鍵と鍵穴のように，決まったパートナーのコバチしかこの隙間を通過することはできないそうです．そして，このときすでに雌コバチは，他の花の花粉をもっています．そして雌コバチは雌花のめしべの先に産卵管を差し込んで次々に卵を産み付けます．このとき，同時に花粉を受け渡し授粉もします．そして，コバチの卵が孵化して幼虫になるころ種子ができていて，幼虫の餌になるそうです．

　あれ…？　そうです．種子を全部食べられてしまったら何が共生なのだと思われたかもしれませんね．でもそこはうまくできていて，雌花のめしべの長さは2種類あって，短い方のめしべに産卵します．長いめしべだと産卵管が子房（雌花の中の種子を作る部屋）まで届かなくて産卵ができません．このようなしくみで，花のうの中では適当に幼虫を育て，適当に種子も作られているわけです．

イチジクにとっては大事な種子を食べられるのですが，花はたくさん用意されていますので，少しぐらい種子を提供しても子孫を残すことにはまったく影響しません．それよりも，もしコバチが来てくれなければ，自力で受粉できませんから命を絶やすことになります．そういうわけで，花粉を運んでくれたコバチの子どもたちに，自分の種子を餌として提供するのです．

さて，卵を産んだお母さんコバチは，イチジクの花のうにもぐりこんだときに羽などがもぎ取られてしまうそうです．そのため二度と花のうから外へ出られず，そこで一生を終えます．

コバチの卵はイチジクの花の中で孵化し，さなぎ（繭）を経て羽化します．コバチが羽化するころには，今度はおしべが成熟して花粉が作られています．まず雄コバチが先に出てきて，まだ繭の中にいる雌コバチと交尾をし，そのあと雌も花から出てきます．交尾を終えた雄コバチたちは，協力してイチジクの鱗片をせっせとこじ開け，雌のための脱出口を作り，役目を終えて死んでしまいます．

雌コバチの方は成虫になり，脱出口近くで咲いている雄花の葯から，花粉を受け取って外へ出て，めしべが成熟して産卵に適した花を探します．ただし，餌をとらない雌コバチの寿命は半日から1日だそうで，別の花を探しているあいだに天敵や風雨，照りつける日差しで死んでしまうことも少なくないようです．雌コバチが飛び出してから数時間すると，果のうが熟して鳥や哺乳動物が食べられるようになります．絶妙な間です．雌コバチが，イチジクと一緒に鳥などに食べられることはありません．

雌雄異株のイヌビワとイヌビワコバチの場合

次に，雌雄同株とは少し違う，雌雄異株のイチジクの受粉メカニズムを追ってみましょう．よく知られているのは，イヌビワ（口絵2頁参照）とイヌビワコバチとの関係です．イヌビワの雄株の花のう（約1.5センチ）が赤く色づいたころ，その中に体長2ミリほどの雌コバチ数十匹が羽化を始めています．そこには雄コバチも数匹いて，すでに羽化し雌コバチとの交尾を終えています．先ほどのように，この雄コバチもここで寿命を迎えます．交尾した雌コバチは，花のうの出入り口を通り，雄花の花粉を身体につけて外へ飛び立ちます．そして自分が産卵するための次の花を探し，中へもぐりこみます．

けれども，ここでその雌コバチの運命が大きく分かれてしまうそうです．雌コバチは，雄株の花のうを選んだ場合にのみ産卵ができます．たしか，コバチはめしべに産卵管を差し込んで産卵するはずでしたね．雄の花のうなのに，なんで？　とお思いでしょうが，そこには，雄花と一緒にダミーの雌花（虫えい花）が備わっていて，ちゃんと産卵場所を用意しています．産卵のためのダミーですから，めしべは短くできていて，種子もできなくていいのです．卵が孵化して幼虫になると，ダミーの雌花の中身を食べて育ちます．めでたくイヌビワコバチは子孫を残すことができました．

ここまでは，コバチだけが得をしているみたいですが，実際はそうではありません．羽化して飛び立った雌コバチが雌株の花のうを選んでしまうことだってあるのです．雌株と雄株は見分けが

つきにくくなっているのですね．花のうに一度もぐりこむと，出入り口がとても狭いので雌コバチの羽はもげてしまいます．二度と他の花へ飛んでいくことはできません．そして，やっとの思いでたどり着いたのが雌株の花のうだったなら，いくら産卵しようとしてもめしべが長くて産卵管が届かず，卵を産めず一生を終えてしまうそうです．このとき，体についていた花粉だけを雌花に与えて．

　雌花は，しめしめというわけです．雌コバチがやって来てくれたおかげでうまく受粉でき，種子がみのります．紫色に熟すと果のうとなり，食べるととても甘いそうです．ただ，死んだコバチの雌も一緒に食べなければならないそうですが…．そうするうちに，おいしい実を食べに鳥などの動物がやってきます．イヌビワは，彼らに実を食べてもらい，糞と一緒に種子をばらまいてもらえるわけです．イヌビワは，雄株の花でイヌビワコバチの生育を100％助ける一方で，雌株の花に来た何割かの不運な雌コバチを100％自分の受粉のためにだけ利用していたのです．コバチにとってはまさに天国と地獄のような差がありますね．

　でも，イヌビワと手を組まなければイヌビワコバチだって子孫を残せませんから，多少のリスクは仕方がないのです．イヌビワにしても，生命を左右することはありませんが，どうせ種子を作らない雄株の花ですから，大サービスで自分の体をイヌビワコバチに提供しているといったところでしょうか．

　サクラソウと同じように，何らかの環境の変化で，唯一のパートナーであるイヌビワコバチが訪れなくなると，とたんにイヌビ

ワは子孫が残せなくなります。両者は強烈に特化して進化してきたのですね。ヒトにはとても真似のできない，究極の共生の姿です。

3・4・2　イチジクの生き物ネットワーク

イチジクには他の訪問者もいます。イチジクが熟すと，その果のうをめざして寄生バチもやってきて，果のう表面へ産卵するそうです。このハチはイチジクコバチと違って共生関係ではなく，一方的にイチジクを餌として利用します。ところが，果のうの表面からはアリの餌になる液体が出ていますので，アリが訪れて寄生バチを攻撃して排除してくれます。

イチジクを中心に考えると，1対1共生のイチジクコバチ，実を与える代わりに種子をまいてくれる鳥などの動物，甘い蜜を与える代わりに寄生バチを退治してくれるアリというように，イチジクを取り巻く共生のネットワークがここにもみられました。イチジクコバチは，イチジクと共に一生を終える特殊な生き方をしていますが，それ以外の生き物は，それぞれを中心に考えると，また別のネットワークを作っていることでしょう。

3・5　アリを利用する植物

3・5・1　アリ植物とは？

植物と昆虫の関わりについてもう一つご紹介しておきたいのが，熱帯雨林に生息する，アリを巧みに利用する植物の話です。アリと共に生きているそのような植物のことを「アリ植物」ともいいます。アリ植物が熱帯雨林でよくみられるのには訳がありま

す.

　熱帯雨林は気温が高く雨が多いので，枯葉からできる腐葉土ができにくいそうです．それは，落ち葉や枯葉が菌類や昆虫に分解されると，多量の雨水がそれを流してしまうからです．意外ですが，熱帯雨林の土は栄養分が思った以上に少ないようです．さらにたくさんの雨のため，雨に含まれている成分がやけに多くなり，アンバランスになっています．また，熱帯雨林は動植物がとても多くて，それだけ植物の害虫も多いと考えられます．そこで植物がとる戦略は，あとでも述べますが，害虫の嫌う成分を作るか，害虫を他の生き物に追い払ってもらうかということになります．最後に，熱帯にはアリが驚くほどたくさん住んでいます．アリの食べかすや排泄物は良い肥料になりますから，おそらく植物のほうからアリに近づくような戦略をとったとも考えられるでしょう．また，アリの大家族の近くにいれば，他の昆虫は寄ってくることができませんので，自動的に害虫も避けられます．

　このような理由から，アリ植物はアリに食料を十分に提供し，自分の体に住まわせています．一見，植物がアリに利用されているように思ってしまいますが，実際，アリ植物は，アリに住んでもらうことでアリの習性をうまく利用して，外敵，例えば自分を食べてしまう動物（食植者）や生存競争している他の植物などの攻撃から身を守っています．1種類のアリ植物には1種類のアリが共生しています．決して色々な種類のアリが同居しているわけではなく，ここでも1対1共生の強い絆がみられます．それではまず，アリ植物として，セクロピアの木をとりあげてみましょう．

3・5・2 セクロピア

　セクロピアは，熱帯植物園などで見ることができるジャマイカ原産のクワ科の植物で，たいへん大きな木になります．大きな葉は柔らかいので，ナマケモノが好んで食べるそうです．花や実もつけますが，鳥や哺乳類に食べられるそうです．雄株と雌株があって，花粉を風にまかせて授粉します．幹や茎には節があり，節と節の間は空洞になっています．

　この空洞にはアステカアリが住んでいます．このアリは幹に穴をあけて入りこみ，巣として利用しています．そして，餌ももらえるのですが，それはセクロピアの葉柄の付け根から分泌される，栄養たっぷりのグリコーゲン（糖のもと）を含む白い粒です．さらに，幹の中にはカイガラムシという昆虫も住まわせています．この虫を飼育しているのはアステカアリで，カイガラムシが分泌する糖分を含んだ排泄物は，アリの餌になります．アリは巨木の広い住みかを得，餌も完全に供給されているので，他から餌を採集する必要がないらしいです．アリにとってなんと都合の良い木でしょうか．

　しかし，セクロピアも十分にこのアリを利用しています．アステカアリの習性はたいへん攻撃的で，縄張り意識もとても強いようで，自分たちの住みかをおびやかす外敵は，すべて追い払おうとします．そして，この外敵は，じつはセクロピアにとってもあまり歓迎できない生き物です．体の大きな，生育の速い植物ですので，葉っぱで精一杯光合成をしなければ成長に追いつかないのに，葉っぱを食われ穴だらけにされると死活問題です．また，種

子ができるまでに花を食べられても困ります．つる植物もやっかいです．絡み付いて茂り，自分の光合成を邪魔されたり，栄養分の取り合いにもなりかねません．

　セクロピアはアステカアリの気の強さを利用しているのかもしれません．このアリは，セクロピアの木に産卵にやってくる昆虫や，この木に入り込もうとする自分以外のアリや動物を追い払い，植物のつるまでも切ってしまうのだそうです．この攻撃性は，セクロピアの木が自分たちに良くしてくれるから，そのお返しに発揮しているわけではないと考えられているようですが，いずれにせよ，セクロピアにとっても一番好都合な共生者には違いなく，アリの習性を利用することに成功しているといえるでしょう．

　ただし，このような共生は，セクロピアの住む環境によっては行われないことがあります．例えば，密生した薄暗い環境では光合成の効率が悪いので，アリにふんだんに糖分を与えることができないために，アリの大家族を養っていけません．そのようなときには，葉っぱにタンニンなどの化学物質をためることで葉っぱを食われないようにしたり，わずかな蜜腺で不特定多数のアリをつなぎとめるなど，細々と苦労して色々な外敵から自衛する方法をとるようです．

　アリと共生するのは，光合成が思う存分できるひらけた場所に生えていて，十分な糖分を作ることができるときです．アリはたくさんのエネルギーを消費しますから，常に糖分を供給しなければ居ついてくれません．それで，ところどころにカイガラムシも住まわせ，ちょうどガソリンスタンドのように，糖分をアリへ提

供してもらっていると考えられています．

　よく考えてみると，生き物たちは，一方的に自分だけが都合の良いようにしているわけではなさそうですね．アリ植物は，相手に十分な利益をもたらすことができなければ無理をしないで，なんとか自分で自分の身を守る手立てをもっていましたね．共生が都合が良いからといって，アリを利用して完全に依存するわけではないところに，生き物の，もっといえば自分で動くことのできない植物の，たくましさや賢さを感じます．自分の身を振り返ってみると，なんだかとても勉強になるような気がするのは私だけでしょうか．

　さて，それではもう少し，アリと不思議な関係をもつ植物をご紹介していくことにしましょう．

3・5・3　ウツボカズラ

　熱帯に住むウツボカズラという植物は，液体の入った大きな袋(捕虫袋)に虫をおびき寄せておぼれさせ，その虫を溶かして食べてしまいます．大きな袋はラッパ状でとても美しい不思議な形をしていますので (図3・15)，一見そんな怖いことをする植物には見えません．

　さて，このウツボカズラもあまりたくさんの虫が袋にたまってしまうと，その虫を溶かしきれず腐らせて消化不良を起こしてしまいます．ところが，そうならないように助けてくれるのが，ヒラズオオアリというアリなのだそうです．このアリは，袋につながっているつるの中に巣を作ります．虫が液にチャポンとはまると，みんなで泳いで近づき，引きずりあげて餌にします．そうで

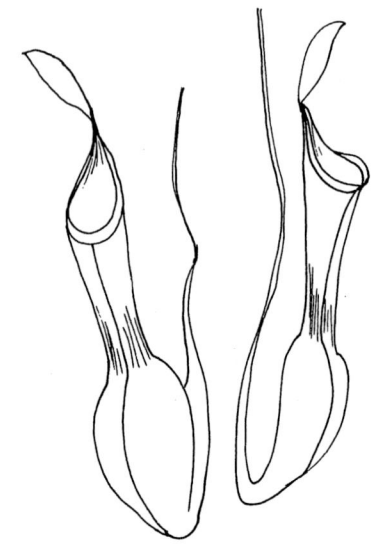

図 3・15　ウツボカズラ

す．このアリはなんと泳げるそうなのです．

　私たちは，アリはだいたい泳げないものと認識していますよね．普通のアリをバケツの水に放り込んでやると，最初もがきますが，バケツの壁にたどり着けないものはそのうち死んでしまいます．泳げるアリは，世界でもこのヒラズオオアリだけしか発見されていないそうで，なぜ泳げるのかはわかっていません．ですから，ウツボカズラに他のアリが近づくと命取りです．不思議ですね．このアリだけが泳げたから共生したのか，泳げるように進化したのか．おそらく泳げるように，ウツボカズラと一緒に進化（共進化といいます）してきたのでしょう．

さらに，ウツボカズラが不思議なのは，いったんこの袋に落ちると，袋の壁がつるつるしていて，落ちた虫が泳げても壁をよじ登れないようになっていることです．ですから，落ちたが最後，ウツボカズラの餌食になる運命は避けられません．それなのに，ヒラズオオアリだけは，このつるつるの壁もよっこいしょとよじ登ってしまえるのです．これもなぜかは，まだわかっていないそうです．

いずれにしてもウツボカズラは，餌の昆虫を少しアリにおすそ分けをして食べ過ぎないですみ，ヒラズオオアリは待っていればうまく餌にありつけるようになっていて，もちつもたれつの関係が成り立っています．ここで，アリが人間なら，捕らえられた昆虫を根こそぎ奪って，自分たちのためだけに利用しようとするかもしれませんね．そんなことをするとウツボカズラはすぐに姿を消し，ずっとご一緒できなくなりそうです．自然というのは，何事もやり過ぎない絶妙のバランスがとられていそうですね．

3・5・4 家主を守るアリ

ボルネオの砂岩丘で，植物に巣を作るオオリアリは，土地がやせているのでその植物のためにせっせと養分を運びます．

例えば，シダ（フィマトデス属など）の茎に住みついたオオリアリは，シダから栄養満点の胞子を餌としてもらい，一方で，有機物のくずを巣の中にもち込みます．そしてこのくずから，シダの堆肥となる養分を作り出すらしいのです．自分の宿と餌を確保するために，せっせと家主を養っているようですね．植物にとっては，自分が動けないので，栄養を集めたり栄養のある土地へ

行ったりできなくても，共生者のアリがちゃんと運んでくれるので，うまく利用しているとも考えられます．

シダだけでなく，アケビカズラという植物の場合は，とても珍しいのですが，大きく膨らんだ葉っぱの中の空洞に，白くて細い根が這っていて，そこにオオルリアリの家族が住んでいます．餌は昆虫の残骸などで，この葉っぱの巣の中にもち込みます．そして，同時にアケビカズラも，葉っぱの中の根へ養分をおすそ分けしてもらいます．

アリノスダマは，灰褐色の体を木の幹にくっつけて生きる着生植物です．オオルリアリに自分の体の中を巣として提供し，家賃の代わりに養分を運んでもらっています．

南米に住むフシブトハリアリは，家主の植物（アンスリウムなど）を積極的に守り，通りかかる生物をすぐに攻撃する喧嘩っ早いアリです．裏を返せば家主に忠実で働き者ともいえ，家主の作った種子を巣へもって帰って，種子から伸びた粘っこいひげを食べた後，その種子を植物に作り上げた自分たちの菜園にまいて育てます．それもこれも自分たちの住まいの確保のためですが，植物にとっては，外敵を追い払ってくれて，種子までまいてくれるのですから大助かりです．

さて，いかがでしょうか．植物は動けなくても昆虫を利用して，身を守らせたり，養分を運ばせたりと，なかなかしたたかでしょう．そのためには昆虫にこれ以上ないというメリットも与えています．でもここで忘れてはならないのは，1対1の相手同士だけでなく，それをとりまく多様な種類の他の生き物たちの存在も大切

3・6 菌と植物
3・6・1 根粒菌とマメ

マメ科の植物では，根っこに小さなこぶがあって，この中に菌(根粒菌)を住まわせて栄養分を確保していることがよく知られています．

私たちがよく知っているクローバーもマメ科植物で，引き抜いてみると根っこのところどころに丸い粒がついていて，その中に根粒菌が住んでいます．

根粒菌とは土に住む細菌で，普段は土の中の有機物を餌にしていますが，マメ科植物に寄生すると，空気中の窒素を吸ってアンモニアという物質を作り出すことができます．これを難しい言葉で窒素固定と呼びます．植物はこの窒素をたくさん含むアンモニアをもらって栄養源にします．植物の成長に窒素は欠かせないものですが，土の中には不足しがちです．また，植物は空気中の窒素を直接吸収できませんが，根粒菌が生むアンモニアの形になると吸収できます．一方，根粒菌は寄生することで植物から栄養をもらいますので，お互いにないものを与え合う共生の関係にあります．

ただし，このような共生関係は，土の中の栄養分が少ないときに威力を発揮するようです．ですから，マメの種子が発芽するときはまだ根粒菌に住んでもらえていませんので，種子の中に蓄えられている自前の栄養分でなんとかしなくてはなりません．豆が

特に栄養価が高いのは、そういう理由からだそうです。

もともと根粒菌は、マメ科の植物にだけ感染します。最初は根粒菌が植物の根に根粒を作って、一方的に植物体の栄養を利用してわんさか繁殖します。そのままいくと植物体は栄養をどんどん横取りされて枯れてしまうかもしれません。ところが、根粒がある程度の大きさになると、植物体がその増殖をストップさせるそうです。そうなると根粒菌一つ一つが太りだし、このころから窒素固定を始めます。ところが根粒菌が増殖しすぎると、根粒菌自身がアンモニアの消費を始めてしまいますので、その加減とタイミングを植物がコントロールしていることがわかってきたそうです。

また、土の中に窒素分がたくさんあるときは、根粒菌にアンモニアを作ってもらわなくてもいいので、根粒菌が感染しても根っこで根粒を作らせないようにしているそうです。根粒菌はマメ科植物の栄養を利用するために寄生してきますが、植物の方はもっと上手(うわて)で、根粒菌の作用を、土壌の栄養状態に合わせてうまくコントロールしながら反対に利用し、主導権を握っているというわけです。なかなかどうして、賢い共生のしかたではないでしょうか。

3・6・2 ラン菌とラン

次は、植物が菌を利用する、もっと極端な関係です。

ランの仲間にはラン菌が寄生します。本来は、共生の例として有名な関係ですが、よくみるとラン菌が植物を利用していたつもりが、反対に自分が植物に寄生されてしまっています。先ほどの

3・6 菌と植物

マメ科植物は,根粒菌をコントロールはしても死滅させるまでには至りませんが,ラン植物はラン菌に全面的に依存して成長し,最後にはラン菌を吸収して完全に立場を逆転させるのです.

土の中に住むラン菌は,カビやキノコの仲間で「菌糸」という長い糸状の体をずんずん伸ばして増えます.ランの種子は,栄養をほとんどもっていないのでそのままでは芽を出すことができません.そこでどうするかというと,ラン菌に助けてもらいます.

まず,栄養分の乏しいランの種子にラン菌が侵入します.ラン菌は宿主を見つけてしめしめですが,ランはもっとしめしめです.なぜなら,ランの種子は,自分にもぐりこんできた菌糸を少しずつ分解して,その中の栄養分を利用して芽を出すからです.もっとすごいのは,ランの体には,ラン菌が侵入してきてもよい部分がちゃんと用意されていて,菌糸に侵入されると死んでしまうような大事な細胞には,ラン菌を決して侵入させないようにしていることです.

このようにして,ラン菌はランの栄養分になっていくのですが,そこは植物の賢いところで,徹底的に食べつくすわけではありません.ランは,発芽に必要な栄養をラン菌から得た後,自分で光合成ができるようになるまでの間,自分の体にラン菌を寄生させながら,相手が死なない程度に菌糸を少しずつ消化していきます.ラン菌はまったく気づきません.自分がうまくランに寄生しているとでも思っているのでしょう.いつしかランが成長して独り立ちし,ラン菌の栄養に頼らなくても生きていけるようになったら,最後にはラン菌をすべて消化しつくしてしまうそうです.うーん,

これは完全にランの方が上手ですね．ラン菌は気づく間もなく，ランの体の中に完全に吸収されてしまっています．

　ラン菌は，じつはランに寄生しなくても土の中でちゃんと生きていけるそうです．それなのに，どうして栄養分の少ないランの種子に取り付いてしまうのでしょうか．ラン菌もランを助けるためだけに命がけでボランティアをしたいわけではないと思いますが，どういうわけか，ずっとこんなことを代々繰り返しているのですね．たいへん不思議ですが，詳しい理由はよくわかっていないようです．とにかく，ランがわなを仕掛けてラン菌がひっかかるという現象はたしかです．最初は下手に出て相手を受け入れて，いつのまにか逆転している．そればかりでなく，相手の養分をもらって大きくなり，最後には恩を忘れて相手を滅ぼす… あれ？人間関係でも似たようなことがありそうですね．

　そうはいっても，ランの成長にとっては，ラン菌はなくてはならない相手です．ラン菌にめぐり合えなければランの種子は栄養不足で芽が出ませんので，それを見越して，ランは色々な植物の中でも一番小さいといわれる，粉のような種子を驚くほどたくさん作り，風で遠くに飛ばすそうです．

　せっかくですから，身近なランを探して，ぜひ確かめてみてください．ネジバナ(図3・16)などが見つけやすいでしょう．公園の芝生など，日当たりが良い雑草地などでよくみられますので，初夏から夏の間に咲くピンクの花を見つけておいて，秋になったらできた種子を手にとって確かめてみるとよくわかりますよ．

　そして，そのようなたくさんの種子を作るためには花粉もたく

3・6 菌と植物　　　　　　　　111

図 3・16　ネジバナ

さん必要で，花粉を袋に入れて袋ごと昆虫に運ばせています．とにかく種子を小さく軽くするために，色々な工夫をして，発芽のための栄養も思い切ってそぎ落としてしまったようです．そのために，マメ科の植物とは正反対で，自力では発芽できない種子になってしまいました．そこで，発芽をラン菌に手伝ってもらっているのです．

　もっとすごいのは，根っこをもたないランもあるそうで，その

ようなランでは，ラン菌の菌糸を自分の根の代わりにしているそうです．ですから，例えばランを育てたければ，そのランにぴったり合うラン菌も同居させてやらなければうまく増えません．ランの栽培が難しいのは，そんなことも関係しているようです．

そんなに大切な相手なのですから，できればラン菌にも何かメリットがある方が，関係が長続きしそうな気がしますね．ランに取り付いている間は，ラン菌も生きているわけですから，十分に胞子を作ることぐらいはできそうですが，ひょっとすると私たちの想像を超えるような関係が築かれているのかもしれません．それとも，ラン菌は，ランに自分のすべてをささげる関係をやめられない，無償の共生の形をとっているのでしょうか．

3・7 大腸菌の細胞と集団のネットワーク

「大腸菌」という名前はよく聞くと思います(**図3・17**)．腸内細菌の代表的なもので，哺乳類の腸内に好んで住みついています．

糞便中の大腸菌を最初に見つけたのは，ウィーン大学のテオドール・エシェリッヒ博士で，19世紀の半ばごろのことです．大腸菌の学名は *Escherichia coli* といいますが，発見者の名前エシェリッヒ (Escherich) から名付けられました．

生物のDNA研究は，その構造の発見 (1953年) から始まり，遺伝子のこと，DNAや遺伝子からみた生命のしくみなど，教科書に出ているような事柄は，ほとんどが大腸菌をモデルにして調べられてきました．大腸菌はすぐにたくさん増えるのと，構造が単純でDNAを取り出しやすいことから，多くの人々に研究で使わ

3・7 大腸菌の細胞と集団のネットワーク 113

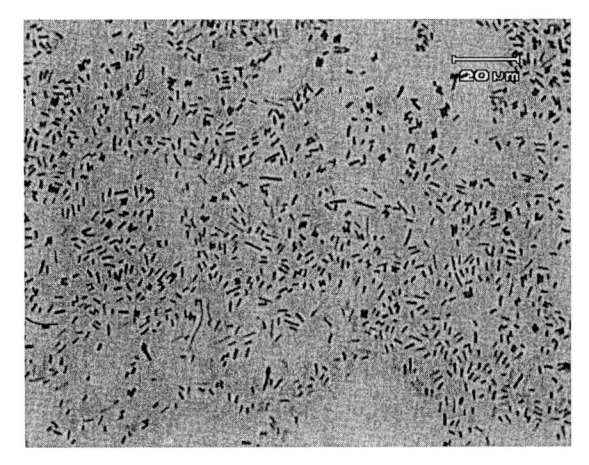

図 3・17 大腸菌の顕微鏡写真（対物レンズ 100×）

れるようになったためです．

　また，大腸菌は，インシュリンなどの医薬品の大量生産にも利用されています．まず，大腸菌にヒトのインシュリン遺伝子を取り込ませて，その大腸菌を大量に増やします．そして，大腸菌の遺伝子が働くときについでにヒトインシュリンを作らせます．できたインシュリンは大腸菌の体の中にためられパンパンに膨れます．ある程度作らせたところで，かわいそうですが，大腸菌をこわして中のインシュリンだけを集め，薬として使うわけです．

　大腸菌は，ヒトの体の中に住んでいて，私たちと共生している細菌ですが，ここ 50 年ほどの間に大腸菌から色々なことを学び，工業的に利用することで多くの恩恵を受けているのです．

　最近，大腸菌の体の中のすべての DNA（大腸菌ゲノム）を調べ

る試みが完了しました．DNAとは，A（アデニン），T（チミン），G（グアニン），C（シトシン）で表される4種類のヌクレオチドと呼ばれる化学物質がランダムに一列に長くつながっている，細い細い，ひも状の化学分子です．そしてDNAの分子のところどころで，A，T，G，Cの並び方が暗号になっている部分を遺伝子と呼びます．

　大腸菌ではAやT，G，Cが全部で464万個並んでいて，暗号の遺伝子部分は4千か所もあることがわかりました．さらに，これらの遺伝子が働くためにはスイッチの役目をする道具が必要ですが，それは2千個しかないこともわかりました．せっかく4千個も遺伝子をもちながら，実際には半分しか働かせられないことになってしまいます．でも，よく調べてみると，そのスイッチはいくつかの部品からできていて，部品の組み合わせを変えることで別の遺伝子のスイッチになれることがわかりました．ですから，一度には2千個の遺伝子しか使うことができませんが，部品を変えることで4千種類のすべての遺伝子を交代で使えるという，ものすごいしくみになっています．

　この研究から，次のようなたいへん面白いことがわかってきました．実験室で大腸菌を飼って人工的に増やすと，その増え方はある特徴を示します．まず，ほんの少しの量の大腸菌を適当な栄養豊富なスープにほうり込んで体温ぐらいに温めてやると，1個の大腸菌は分裂して2個になります．その後はねずみ算のように対数増殖的（2個→4個→8個→16個→…）に増えます（対数増殖期）．ある程度増えると栄養が不足するので増殖は止まります

(定常期).このとき,多くの大腸菌はすでに死に始めていますが,死んでしまうのはたまたまではなくて,自殺遺伝子のような遺伝子をわざと働かせて自分から進んで死んで,残りの仲間たちに自分自身を栄養として与えていることがわかってきました(死滅期).さらに時間がたつと,生き残った大腸菌は次々と休眠を始めます.そして最終的には,環境が改善されなければすべての大腸菌は死滅してしまいます.

　ここで興味深いのは,定常期の大腸菌のふるまいです.今までは,大腸菌はどれも全部同じように行動するもので,一つ一つ個性があるなどとは誰も考えていませんでした.ましてや大腸菌の集団は,もともと一個の大腸菌が大量に増殖したクローンなので,どれも同じようにふるまうものと思われていたのです.それなのに,仲間を助けるために自ら死んでいくことを選択する者がいることは驚きでした.この選択のときに,スイッチの部品を組みなおして,使う遺伝子を変えていたこともわかっています.

　じつは培養実験での定常期の環境は,自然界の栄養環境に最も近いと考えられています.自然界の大腸菌たちも,悪化していく環境の中で少しでも生き残れるよう,助け合い,役割分担をしているのでしょう.大腸菌の集団内でネットワークが作られていて,集団自体がまるで秩序をもった一個の生き物のようで,たいへん驚かされます.

第4章 人間はどうか

　これまでのお話で，生き物にとって，「共生」が思った以上に必然的なものであることがおわかりいただけたと思います．さて，それでは私たち人間は他の生き物とどのように関わっているのでしょうか．第3章で触れたように，人間による，開発をはじめとする環境破壊が，今まさに様々な種を刻一刻と絶滅へと追いやっている事実を否定することはできません．それだけでなく，第1章で述べた寄生虫のように，表面上，自分の役に立たないとか，健康をおびやかすようにみえる生き物を排除したがために，アレルギー症状のようにかえって健康を損ねる結果になってしまった例を考えてきました．ここでは，それらをふまえて人間と他の生物との「共生」の必要性と必然性について考えてみたいと思います．

4・1　人類を救ったコムギ
4・1・1　「共生」を忘れた人類

　人類はいつごろから「共生」を忘れてしまったのでしょう．およそ1万年前，氷河期をのりこえた人類の人口は，寒さの緩みと共に爆発的に増加しましたが，その後の寒冷化によって深刻な食料危機に見舞われました．というのも，当時の食料確保は狩猟に

頼っていたからです．

　困った人類は，ちょうどそのとき，栄養に富み，貯蔵も可能な植物に出会い，農耕が始まりました．人類の危機を救ったのはコムギでした．人類は知識と知恵を総動員して栽培技術を発達させてきました．農耕は，人類が自然に挑み，手を加えた最初の行為であるといえるでしょう．

　この技術によって人類は繁栄してきましたが，一方でこの1万年の間に工夫を重ねてきた人類は，自然のコントロールに躍起になり，気づかないうちに地球環境や他の生き物たちに大きな影響を及ぼす力を手にしてしまいました．

　そして現代，米国の企業などによって農薬に強い遺伝子組換えダイズが開発され，生産・輸出がなされています．このような作物について危惧されているのは人体への影響ばかりでなく，環境や生態系への影響です．昔の農耕は農薬などありませんので，天然の肥料を使い，十分手入れをし，地力をコントロールしながら行われていました．そこには1万年の人類の知恵が集積されています．ところが近年，大量生産と流通のために農薬や化学肥料を使うようになり，手間を省いて収量を上げ，作物の見た目も良くなりました．人類は，このころから自然との「共生」を見失い始めたのではないでしょうか．

4・1・2　人類とコムギの出会い

　人類の繁栄をもたらしたコムギは，今でこそ色々な種類が知られていますが，およそ1万年前の大昔，人類と麦が出会ったころはまだ雑草でした．当時のシリアの遺跡からは，ある野生のコム

ギがたくさん発掘されていて，主な食料源だったそうです．その野生のコムギは一粒(ひとつぶ)コムギといいます．

　その時代にはまだふかふかのパンを作るコムギはなく，9千年前には一粒コムギの農耕による栽培が始まっていました．それと同時に，野生の雑草コムギどうしが交雑した，一回り大きなコムギも生まれていました．これは，パスタに最適な性質をもっています．それで人々は，その種子も大切にして畑を作り始めました．そうするうちに，その畑から偶然，別の麦がひょっこり見つかりました．この麦の種子をまいて収穫してみると，今度はおいしいパンが焼けるコムギでした．

4・1・3　コムギの進化

コムギのゲノム

　ここで，物語のようなこの話を検証してみましょう．では，コムギの写真（図4・1）を見ながらお話しします．

　まず，人類と一番早くお付き合いを始めた一粒コムギは，染色体を14本もっています．コムギの仲間の細胞をよく観察すると，染色体を7の倍数でもっていることがわかります．この7本が基本となっていて，これをゲノムと呼びます．ですから，このコムギはゲノムが2セットで染色体が14本なので，二倍体といいます．ゲノムは，地球上のすべての生き物にもあって，それぞれ量も質も違い，種ごとに固有になっています．ですから，コムギのゲノムは「コムギゲノム」，ヒトのゲノムでしたら「ヒトゲノム」と呼ばれます．

　例えば，自分の体の細胞を覗いてみると，細胞内の核という場

4・1 人類を救ったコムギ

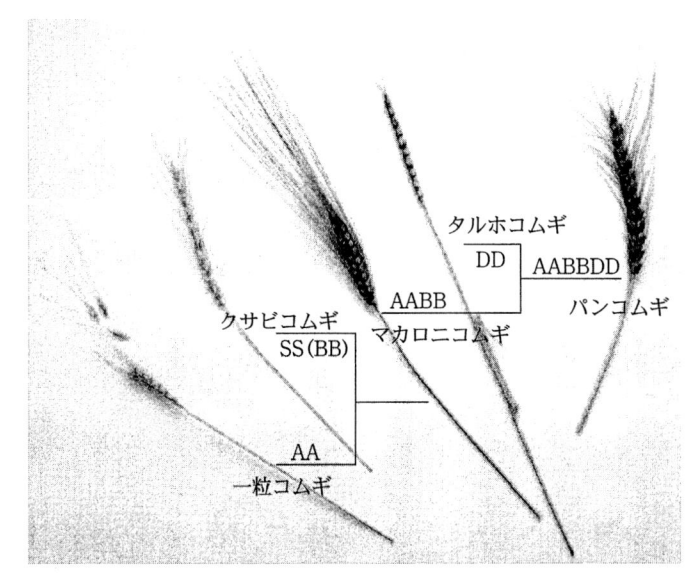

図 4・1 パンコムギの進化

（図中ラベル：クサビコムギ SS(BB)／一粒コムギ AA／マカロニコムギ AABB／タルホコムギ DD／パンコムギ AABBDD）

所に染色体がしまわれています．数えてみると，どの細胞にも 46 本あります．ヒトは，お父さんの細胞（精子）とお母さんの細胞（卵子）が受精して赤ちゃんになりますよね．このとき，受精卵は，お父さんとお母さんから 23 本ずつ染色体のセットをもらっていますので，染色体の合計が 46 本になるのです（図 4・2）．そして，受精する前の卵子や精子のもつ 23 本の染色体のひとまとめをヒトゲノムといいます．ヒトはみんな，お父さんゲノムとお母さんゲノムの，2 つのゲノムをもつ二倍体です．ゲノムを 3 つも 4 つももつようなヒトはいません．

けれども，ゲノムをたくさんもち合わせることは，植物では可

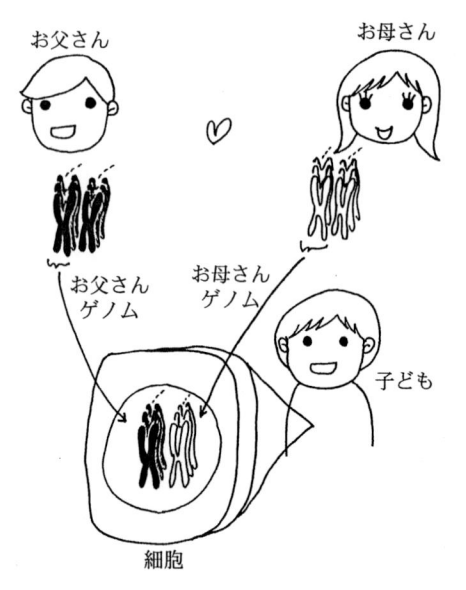

図 4・2 親子のゲノム（染色体）

能です．次からそれについてご紹介していきます．その前に，この一粒コムギのゲノムは便宜上 A というアルファベットで表され，A ゲノムといいます．そして二倍体なので，AA ゲノムと表記されますので覚えておいてください．

パンコムギへの進化

やがて，たまたま一粒コムギが雑草と自然に交配し，雑種ができました．この一回り大きなコムギは，染色体を 28 本ももち，基本数 7 本の 4 倍なので四倍体です．両親は，一粒コムギと他の麦（エギロプスというムギ類の雑草の仲間）と考えられていて，ゲノムは AABB と表されます．これを人が栽培して，マカロニコムギ

が生まれました。当時は、一粒コムギと同様に、穂のまま火であぶったり、穀粒を粗く砕き水で煮て、お粥にしていたと考えられています。今では、このコムギから、スパゲティやマカロニなどのパスタが作られています。

これでも十分おいしいのですが、マカロニコムギでは残念なことに絶対にパンは焼けません。うまく膨らんでくれないのです。パンが焼けるようになったのは、マカロニコムギの畑にいつの間にか混ざって生えてきたコムギを育てたからです。

このコムギはパンコムギといって、もっとたくさんの染色体をもっています。なんと基本数の6倍で42本、六倍体です。ゲノムを調べると、マカロニコムギのAABBゲノムに新しく他の雑草のゲノム (DD) が加わっています。そして、このDというゲノムこそが、パンを作るための遺伝子をもたらしてくれたということがわかっています。そんなすごいことをしてくれたのは、どんな植物なのでしょうか。

1955年、その植物を探し求めて、京都大学の木原 均 博士らが中東地方へ探検（京都大学カラコルム・ヒンズークシ学術探検）に出向きました。じつは、木原博士はコムギの研究で世界的に有名な方で、ゲノムという言葉を染色体のセットにあてはめた世界で最初の人物です。さらに、コムギの染色体とゲノムの分析から、パンコムギとその仲間のルーツを詳しく調べた最初の人も木原博士でした。ですから、実験で予想されたパンコムギの親を確かめるために、パンコムギの生まれ故郷に行こうと考えられたのです。

めざした中東地域は、パンコムギのまさに発祥の地です。カブ

ール，パキスタン，カスピ海…そしてパキスタンのクェッタで，博士らはとうとう，探し求めていた1種類の麦が期待通りコムギ畑の雑草になって生えている場所を発見します．これこそが，Dゲノムをもつタルホコムギです．

この麦の穂は，小さな樽を積み重ねたような独特の形をしています．それでタルホコムギといいます．姿はとても美しいのですが，種子は小さくて硬く，さらに硬い皮に包まれていて，これを食べようという動物もいないほどの，どうしようもない雑草です．私は食べたことはありませんが，絶対においしくないと思います．

それはともかく，パンコムギが生まれたのは今から約7千5百年前です．そしてその発祥の地は，当時と現在のコムギの分布の様子から考えても，マカロニコムギの畑とタルホコムギの群生地が重なった場所であろうといわれています．そこで，雑草である

コムギの贈り物・パン

タルホコムギの花粉が畑のマカロニコムギにかかって，自然に交雑してパンコムギになったと考えられています．

このようにしてパンコムギが生まれ，人類は役に立つ植物としてこれを選んだのです．そのおかげで，収量が多く保存もできる，カロリーの高い食料を確保することができるようになりました．こうして数千年前，人類は食料危機から救われたというわけなのです．

4・1・4　木原 均 博士のメッセージ

ここで，木原博士が書かれたある一文を記します．しかしながら，浅識な私が引用させていただくにはあまりにもおこがましいかと思います．しかも20年も前のものをあえて記したのは，これからの時代こそ，もう一度その内容を一般の私たちが理解していく必要があると思われてならないからです．

「人類と植物とのかかわりは，人類発生とともに始まった．栽培植物の確立とともに文明は発達したが，その進展は，自然界の生態系を加速度的に破壊してきた．また，人間の恣意的選抜・淘汰による品種改良や近代農法によって，食糧生産力は飛躍的にのびたが，その反面品種の画一化が進み，おびただしい数の種が地球上から消失した．品種の画一化とは，植物の地域性が失われることであり，かつて無限の変異に富んでいた種類が限定された品種に集約されることである．自然・生態系は，人為的産物ではない雑草や野生種の遺伝的変異の存在によってその豊かさが保たれてきたといえるが，われわれ自ら滅ぼしてきたこの未知の遺伝子の宝

庫にこそ，人類の抱える食糧問題解決に重要な鍵がひそんでいるのである．

今日，生命科学の技術の進歩は，生命操作の領域にまで及んでいる．しかし，いかに先端技術を駆使し，新しい栽培植物の開発を期待しようとも，用いる素材すなわち遺伝子そのものなくして未来はあり得ない．

そうした意味から食糧問題に関しても，自然の豊かな多様性こそ豊かな生産力の基盤であることを，まず謙虚に認識することが必要である．学問の画一化，視野の単一化，狭いナショナリズムにおちいることなく，変異に富んだ価値観，認識のもとに問題をとらえ直すことがわれわれの責務であろう．」

「変異を大切にしたい」1985年3月

よこはま21世紀フォーラム『21世紀に人類は食糧を確保できるのか』プログラムより

4・1・5　植物の倍数性

一粒コムギ (14本)，マカロニコムギ (28本)，パンコムギ (42本) へと，コムギの染色体がどんどん増えていったしくみは，植物の，ゲノムのセットをいくつももち合わせることができる，倍数性という性質によります．これは動物に真似のできないすごいシステムです．

倍数性は，植物特有の現象で，植物にとっては進化の原動力であるといえます．長い進化の過程で，別のゲノムをもつ2種が交雑し，自然倍加によって新しい倍数性種が成立してきました．現

代の私たちが食料としている穀類をはじめ多くの作物は,このような植物の倍数性進化の恩恵によるものであるといえるでしょう.倍数性のメカニズムは,人類史をはるかにしのぐ生物進化のダイナミクスと自然のスケールの大きさを秘めています.

パンコムギを偶然選び取った人類は賢かったといえますが,それを生んだコムギ自身はもっとすごいのではないでしょうか.倍数性は,他の植物種の遺伝子を自分の遺伝子に加えることができるしくみです.植物は動くことができませんが,多くの多様な遺伝子をもち合わせれば,様々な環境に対応することができそうですね.倍数性は,植物が生き抜くために獲得した術の一つとも考えられると思いますが,人はそれを利用させてもらっているに過ぎないのではないでしょうか.まったく,偉大な植物のおかげです.

4・2 ヒトと細菌の戦い

4・2・1 ヒトに住む細菌

近年,たいへん問題となった病原性大腸菌O157の流行で,いま最も注目されているのは,ヒトと共生している腸内細菌です.腸内細菌と健康との関わりについては,皆さんも関心をおもちのことと思います.

ヒトの腸内には,500種類以上の腸内細菌が住んでいるといわれており,それらは,ヒトにとって体に良い働きをする善玉菌とそうでない悪玉菌とに分けられていますが,どちらのタイプの菌も私たちの健康と非常に深く関わっています.

善玉菌の代表である乳酸菌（口絵2頁参照）は，酸性の環境を好んで発育するため，ヒトの腸内を酸性にし，外から有害な菌が侵入しても住みにくい環境を作ってくれます．その他，ビタミンを生産したり，免疫力を高めたりしてくれます．

一方，悪玉菌の代表は大腸菌ですが，タンパク質を分解するなど腸内での消化を助けたり，ビタミンの合成もしてくれたりしています．ただ，悪玉菌は，タンパク質を分解したときに有害な物質も分泌するので，これが体に悪いといわれているのです．腸内の菌叢のバランスがとれていさえすれば，乳酸菌類が大腸菌などの増殖を適当に抑えてくれるので，ヒトの体には悪影響はありません．ですから，ヒトと腸内細菌との「共生」のバランスが良ければ，たとえ病原性大腸菌O157が侵入してきても，腸の中が酸性に保たれているため生育できません．ところが，バランスが崩れていると，そのすきをついてO157が居ついてしまうのです．

このようにO157が感染しても発症する人としない人がいることについて，さらに面白いことがわかっています．それは，病原菌に対抗する腸内細菌をもっているかどうかの違いなのだそうです．腸内細菌は，特に大腸に住みついています．そして大腸は，外界と接することから免疫の最前線ともいわれ，ヒトの体の中で最も病気の種類が多いそうです．腸内細菌のなかには，アンモニアや毒素，発がん物質を作るものがあります．これらの有害物質は，大腸壁に直接影響して，がんなどの様々な病気を引き起こすだけでなく，一部は吸収されて血流にのって体内をめぐり，各種臓器に障害を与えることもあるようです．その結果，発がん・老

化・動脈硬化・肝臓障害・痴呆・自己免疫病・免疫低下などの原因となることが，最近の研究でわかってきたそうです．

そして，それぞれの疾患をもつ人の腸内細菌の種類にはある傾向があることもわかっています（理化学研究所『RIKEN NEWS』2004）．例えば，痴呆症老人の糞便には，クロストリジウムという細菌が多く，この菌の作る有害物質が全身をまわることで神経伝達物質などの働きが阻害され，脳の機能低下を引き起こすと考えられています．また，他の腸内細菌の作るある種の有害物質が，コレステロールの血管への沈着を促進して，動脈硬化の原因となることもわかってきたそうです．さらに，腸内細菌はヒトの作る胆汁酸を二次胆汁酸に変化させ，この物質が大腸がんの発症を促進しているといわれています．このことから，ヒトの寿命は，体内の細菌によってコントロールされているという人もいます．

これからは，腸内細菌を調べて，その人に合った薬を選ぶことができるようになるかもしれません．抗生物質などは，その人の腸内細菌の種類がわかれば，それに合うよう下痢などの副作用が起こらないようなものを選べますし，漢方薬などは，腸内細菌の出す酵素が薬効を助けるらしいので，最も効果的なものを選ぶことができます．もっと積極的に考えると，どのような腸内細菌のパターンが病原菌に強いのかとか，様々な疾患にかかりにくいのかといったことを知れば，腸内細菌検査をするだけで病気の予防ができるようになるかもしれません．

また，腸内だけでなく，口の中や皮膚の表面にも常在菌という何種類もの細菌類が住んでいますが，ヒトの免疫がしっかりして

いれば何も悪いことをしません．そのうえ，例えば口の中では，それぞれのタイプの菌はちゃんとすみわけまでして機嫌よく暮らしていて，外からの侵入者を寄せつけないようにしています．つまり，結果的に私たちの体を守ってくれているのです．

皮膚の表面の細菌たちも同様に，外界とのバリアーとなってくれています．例えば，小さな子どもたちにとって手を洗うのは良いことなのですが，必要以上に毎回殺菌までしてしまうのは，かえって様々な微生物への免疫力を獲得するチャンスを失ううえに，常にバリアーのない無防備な体になってしまっているといえます．

細菌はあまりにも小さくて私たちの目には見えませんが，そのような生物たちのことを普段「バイキン」と呼んですべて悪者にしてはいないでしょうか．最近は清潔志向がいきすぎて，ヒトと「共生」してきた常在菌まで失いつつあります．それだけでなく，細菌類との「共生」を拒否してきた現代人は免疫力が低下しており，次々と思いもしないような病気を引き起こすでしょう．

感染症としては，最近では，新型肺炎 SARS（重症急性呼吸器症候群）が記憶に新しいのではないでしょうか．さらに鳥インフルエンザウイルスも，遺伝子変異によるヒトに感染する新しいタイプの出現が懸念されており，厚生労働省（2004年）によれば，その場合日本では4人に1人が感染し，死亡者数はおよそ17万人に及ぶと試算されています．でも，いい薬があれば…と思われるかもしれませんね．では，ここで，薬について少し触れておきましょう．

4・2・2 ウイルスと細菌

どうやってウイルスと戦うか

　風邪かなと思ったら，まず薬と思いがちですが，原因が何かによって有効な薬はまったく違います．

　例えばインフルエンザは，ウイルスの感染によるものですが，近年まではウイルスに効く薬はなく，症状を和らげるための解熱剤や体力をつけるための消化薬，栄養剤など，患者自身の本来の免疫力を発揮できるように体を助ける薬しかありませんでした．今では，タミフル（ノイラミニダーゼ阻害剤：平成13年から使用）などの抗インフルエンザ薬が病院で使われるようになり，効果も認められています．しかし，これらの新しい薬は，発病後早期（48時間以内）に服用しなければ効果がないことや，場合によっては副作用があることなど使用上の制約があります．したがって，現

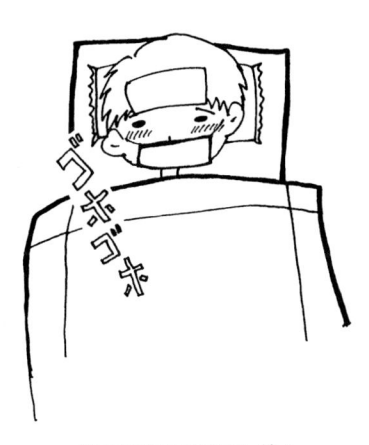

体の抵抗力で風邪と戦う

在のところ，抗インフルエンザ薬はまだ補助的なものであるともいわれています．ですから，インフルエンザにかかった場合，多くは従来どおり，自分自身の免疫力で回復していることになるのかもしれません．

それでは，私たちの体はウイルスとどのように戦っているのでしょうか．

ウイルスが感染すると，体内では相手が何者かを探ります．これは白血球の仕事です．何種類かの白血球が情報交換をして敵を把握するまでに2〜3日ほどかかります．相手の情報がつかめたら攻撃を仕掛けます．このとき高熱が出ます．熱が出てびっくりして病院などへ行って薬をもらうことになるわけですが，体の中ではすでに戦いが始まっていますので，できるだけ安静にして水分や栄養を補給し，体の負担を少しでも減らして戦いやすいような環境を作る方がいいのです．このとき，早めに抗インフルエンザ薬を服用できれば，その効果が期待されますが，病院に行かないで，ウイルスにまったく効かないことを知らずに市販の風邪薬を飲んで肝臓などに負担をかけては本末転倒なわけです．

私たちの体はすばらしいと思いませんか．目に見えない外敵が侵入すると，速やかに対応してやっつけるしくみが，生まれながらに備わっているのですから．

細菌と抗生物質

また，ウイルスとよく混同されがちですが，「細菌」の感染による風邪も，基本的には白血球による自己免疫力が決め手となります．しかし，細菌については，その増殖を抑えるような効果的

な薬があります．いわゆる抗生物質です．細菌による風邪のときでも，まず体の中で反応が起こって白血球が働いています．ウイルスのときと同じように攻撃が始まると熱が出ますが，そのころ皆さんは病院に行かれるのではないでしょうか．細菌による感染症であるとわかれば，多くの場合，抗生物質が処方されます．他に消化薬などももらうと思います（抗生物質は目的の病原菌だけでなく，腸内で消化を助けてくれる大腸菌や乳酸菌を死なせてしまうこともあるからです）．

抗生物質を飲むと体に吸収され，血管に入ります．そして血液と共に各細胞へ届けられ，薬剤が細菌に触れると細菌は増殖が弱まったり，薬の種類によっては死滅したりします．抗生物質は細菌の細胞壁（細菌の体を維持するために大切）の合成や，細胞の中で行われているある働きをストップさせる作用があって，その程度によって分裂・増殖ができなくなったり生きていけなくなったりします．私たちは，このような抗生物質という薬を飲むことで，細菌の増殖をある程度抑えつけることができます．

ある程度と言ったのは，薬がすべての細菌を根こそぎやっつけるわけではないからです．抗生物質を大量に取り入れて血液中の薬剤濃度をめいっぱい上げてやれば，そういうこともできるかもしれませんが，薬剤は化学物質ですので，私たちの体に副作用を及ぼす場合があります．薬剤によって副作用は様々で，よく知られているのはペニシリンによるショック症状ですとか，薬剤の長期使用による聴覚障害などの脳神経障害（ストレプトマイシン），造血障害，肝機能障害（クロラムフェニコール）などです．

そして、薬剤を体内に取り入れると、いずれにしても臓器、特に解毒作用をあずかる肝臓に大きな負担がかかります。私たちの体はよくできていて、体内に取り込んだ栄養分以外の化学物質は分解して体外に排出するしくみがあります。普段の食事や生活の中でもこれらの物質が自然に体に入ってきますので、普段から肝臓は解毒作用をしてくれています。そこにもってきてわざわざ薬剤を体内に取り入れていますから、肝臓は大忙しというわけです。抗生物質の濃度が高いと肝臓への負担だけでなく、臓器の障害もでやすくなると考えられますので、細菌をやっつけようとするがあまり、やたらめったら抗生物質を投与することは危険なのです。

　お薬の飲み方について次のようなご経験はないでしょうか。抗生物質を処方されたら、お医者さんから1日2回とか3回とか、あるいは8時間おきなど、その薬の飲み方を指示されるでしょう。私たちは、薬はなんとなく体に良くないと思いがちで、「ああ言われたけれども、ちょっと調子が良くなってきたので1回服薬をとばしましょう。胃も荒れてるみたいだし…」などと、言われたとおりにしないことがありませんか。じつは、この服用の仕方が色々な問題を引き起こしてしまいます。

　まず、抗生物質の効果を期待するなら、血液中の薬剤濃度を常に一定にしておく必要があります。お薬の抗生物質は、決められたとおり飲めば、その濃さが細菌に効果を示す最低限の濃度になるよう調節されています。ですから、お薬を飲んだり飲まなかったりしていると、抗生物質に触れているあいだ増殖が抑えられていた細菌も、抗生物質が減ったり存在しなくなったとたん、繁殖

力を盛り返してきます．せっかくおとなしくしている間に，自分の免疫力で細菌を退治してしまおうとしていたのに，これでは何にもなりません．正しく服用すれば2〜3日で効果があったかもしれないところを，風邪をこじらせて1週間も2週間もかかるのは，このようなことが原因のこともあるのです．

次に，そのように長引いた場合，細菌に抗生物質が触れる時間が多くなってしまっていることにお気づきでしょうか．細菌は20〜30分間に1回の割合で分裂をします．つまりそのような短時間に自分の子孫を作ってしまうのです．人間でしたら平均的に20〜30歳で初めて1人めの子どもをもつのではないでしょうか．世代交代が速いということは，それだけ進化速度も速いということです．細菌も生き物ですから，生きようとするはずです．ましてや細菌は，数々の地球環境変化による生存の危機を乗り越えて生きながらえた凄まじい生命力をもちますから，それらの中には抗生物質に打ち勝つような「耐性」という性質をもつもの（耐性菌）が現れてきます．つまり，抗生物質が効かないようなしくみを突然変異によって獲得するということです．

抗生物質耐性菌

ヒトは，ほぼ30年かかって進化していきますが，細菌はたったの30分なのです．数時間あれば10回を超える分裂ができ，1個の細菌が1千個ほどに増えています．とにかく，人の感覚では計り知れないスピードで進化するチャンスがあるということです．きちんと薬を飲み終えずに，飛ばし飛ばし何日間もだらだらと飲み続けることは，細菌に突然変異の機会をひたすら与え続けている

ことになるのです．

　もし耐性菌ができてしまったら…．今度は，いくらその抗生物質を飲んでも増殖を止めることができなくなってしまいます．科学は進んでいるから，もっと効く薬があると思われるでしょうが，そこが恐ろしいところで，じつは薬には限界があります．世界最強の抗生物質も効かなくなれば，もはや有効なお薬はありません．自分の免疫力だけで治すしか手立てはなくなります．この耐性菌が病院や施設内で，院内感染によって他の患者さんへ移ると，有効な治療薬がないので治りにくく，抵抗力が特に弱い病人やご高齢の人々にとって，命に関わることも珍しくはないのです．

　ここまで言うと，少し大げさに聞こえるかもしれません．でも，もっと深刻な状況が知られていますので，もう少し詳しく触れることにしましょう．

4・2・3　細菌の逆襲

　抗生物質が発見され，薬として利用されだしてからおよそ半世紀あまり．私たちは，それまで感染症の恐怖にさらされていました．歴史的には，腸チフス，赤痢，結核などの伝染病が猛威をふるい，古くは飢饉などで栄養状態が悪くなると様々な伝染病が二次的に引き起こされ，多くの命が失われました．2004年のオリンピックが行われたアテネでは，かつてペストが大流行し，18世紀には天然痘やコレラの流行がよく知られています．このように20世紀の初めまでは，細菌に対抗する術はなく，身体を丈夫にして予防するか，伝染病にかかっても自分の治癒力に頼らざるをえませんでした．つまり，感染症にかかったら死を覚悟しなければな

らなかったのです．単純な外科手術や出産のときでさえ，命を落とす人々が多くいました．

ところが，1928年にイギリスの細菌学者アレキサンダー・フレミング博士が，偶然，抗生物質を発見しました．皆さんよくご存知の，パンやミカンに生えるアオカビの一種が，分泌物を出して他の細菌を溶かしていたそうなのです．フレミングによって，この分泌物はペニシリンと名付けられました．

その後，1940年ごろにオックスフォード大学のアーネスト・チェーン博士とハワード・フローリー博士が，米国に渡ってペニシリンを薬剤として使えるように開発しました．当時，第二次世界大戦の影響もあり，抗生物質の必要性が見直され，また，現実に

ペニシリンを発見したフレミング博士

ペニシリンが感染症の治療や負傷兵の傷の手当に驚異的に役立ったこともあって，1945年，フレミング博士はチェーン博士とフローリー博士と共にノーベル生理学医学賞を受賞しました．

その後も急速に新しい抗生物質の発見が相次ぎ，人々にとって感染症は恐れるに足りないものとなったかのように思えました．しかしそれもつかの間で，ノーベル賞受賞からわずか1年後の1946年には，それまでペニシリンが効いていた黄色ブドウ球菌という細菌に，ペニシリンが効かなくなるという事態が起こってきました．

じつはこのことを，フレミング博士は予言していたようです．彼は，細菌にペニシリンを与え続ける実験をして，はじめは殺菌できていてもだんだんペニシリンが効かなくなるということを知っていました．つまり，その細菌が，ペニシリンで死ななくなる性質（耐性）をもつようになるということです．フレミング博士は受賞後，礼賛する新聞記者に対して，ペニシリンは耐性菌を生む欠点があり決して万能薬ではないこと，そして使い方を誤ると人類は将来大きな失望をすることを警告しています．彼は亡くなるまでそのことを訴え続けましたが，製薬メーカーも医師も患者も，誰もそれを聞こうとしませんでした．抗生物質に手放しで頼りきってしまったのです．

4・2・4　ヒトは細菌に勝てるのか？

メチシリン耐性黄色ブドウ球菌（MRSA）

黄色ブドウ球菌は，ヒトの皮膚や鼻腔粘膜などに常在し，身の回りのどこにでもいる細菌です．同じ仲間の白色（表皮）ブドウ

球菌もヒトの皮膚などに常在している代表的な細菌ですが,こちらは病原性がありません.傷口ができると,栄養豊富になるので少し過剰に繁殖し,赤く炎症する程度で,むしろ私たちの体を外敵からバリアーのように守ってくれているといえます.それに対して,病原性をもつ黄色ブドウ球菌は,傷口から侵入して化膿性疾患や敗血症の原因になることがあります.多くの毒素も出すため,感染すると毒素によって激しいショック症状や食中毒が引き起こされたりします.ショック症状では,血圧低下や多臓器障害を招き,生命の危険もありえます.このように黄色ブドウ球菌の感染はたいへん重い症状に至ることもあり,抗生物質発見以前には非常に恐れられていました.

1946年に,ペニシリン耐性黄色ブドウ球菌が出現してからは,新しく発見された抗生物質,ストレプトマイシンやクロラムフェニコールが使われましたが,さらに悪い事態が引き起こされてきました.黄色ブドウ球菌は新しい抗生物質に対しても耐性をもち始めるようになったのです.

そこで,人間も知恵をだして,ペニシリンを人工的に改良(半合成)した抗生物質,メチシリンが開発されましたが(1960年),やはり翌年にはこの耐性菌ができてしまいました.この菌は有名で,メチシリン耐性黄色ブドウ球菌(MRSA)といいます.1970年代ごろから,このMRSAによる院内感染が世界的な問題になり始めました.この細菌に対して,他のほとんどの抗生物質も,改良品のメチシリンも効かないとなると,いったいどうすればよいのでしょうか.

それには、最後の砦と呼ばれるバンコマイシンしかありません。開発されたのは1956年で、新薬ではありませんが、副作用が強く比較的限定的に使用されていたので、あまり耐性菌が生まれていませんでした。バンコマイシンの使用量は、MRSAが蔓延しだした1980年代から急激に増えましたが、アメリカでは、1995年にMRSA感染による深刻な事態が起こり、ニューヨークで年間1409人という信じられないほどの多くの命が奪われています。そして1996年には、メチシリンだけでなくバンコマイシンにも耐性をもつ黄色ブドウ球菌（VRSA）が、世界で最初に日本で出現してしまいました。

感染症の新たなる脅威

そしてついに1998年、アメリカ公衆衛生局長官は、31年前の感染症克服宣言の誤りを認めました。31年前といえば、耐性菌MRSAが重篤な蔓延を示す直前のことでした。その1967年、当時の公衆衛生局長官によって、「感染症はもはや恐れる病気ではなく、これからはがんや心臓病などの慢性疾患の対策に力を入れる」と宣言されていたのでした。人類にとって感染症は死の恐怖との戦いであったのが、それから救ってくれた抗生物質の威力があまりにも劇的すぎて、私たちに必要以上の自信を与えてしまったのでしょう。フレミング博士の予言を理解する冷静さはなかったということでしょうか。その代償はあまりにも大きすぎました。感染症の克服どころか、私たち人類は、新たに恐ろしい耐性菌の蔓延に直面する結果になってしまったのです。もう後戻りはできません。抗生物質が効かないとなれば、あの20世紀初めまでの

「感染症＝死」の状況に近づいているということになるのです．

　じつは，抗生物質を薬として使用し始めてすぐに，耐性菌は出現していました．でも，新しい抗生物質（ストレプトマイシン，クロラムフェニコールなど）が次々と土壌細菌などから分離されていましたので，皆そのことに気づいていなかったのでしょう．AがだめならB，BがだめならC，という具合に抗生物質の種類をころころと変えて，それが効けば一安心だったのです．

　ところが，ここに恐ろしい落とし穴があります．一般的に，感染症が治ったといっても，まだ病原菌の生き残りを体内に残していることもあるらしいのです．それら細菌は，人の免疫力で繁殖が抑えられていて，発病せずおとなしくしている状態です．ところが将来，本人の抵抗力が低下したときにこの細菌が急に繁殖し，思わぬ重篤な感染症を引き起こす恐れもあるそうです．そしてこの細菌が耐性菌だとしたら，治療は困難を極めることになります．

　また，耐性の性質は病原菌だけにみられるものではありません．体内には，4・2・1項で紹介した大腸菌や乳酸菌をはじめ，私たちと共生しているたくさんの細菌が住んでいます．抗生物質が体内に入ると，病原菌だけでなく共生している常在菌も生存の危機にさらされます．それら常在菌の中に耐性をもつものが出現してもおかしくありません．そのことは，細菌が，耐性の遺伝子を他の細菌へ移すなど，お互いに遺伝子を交換することができるという性質からも，思わぬ病気を引き起こすことがあります．

　例えば，腸内に住んでいる大腸菌が，ある抗生物質の耐性を得たとします．そこに病原性大腸菌O 157が腸内へやってきて，耐

性の遺伝子を受け取ったとしましょう．その時，何かの感染症などで抗生物質を服用することでもあれば，腸内の常在菌の多くが死んでしまい，耐性をもったO157が養分を独り占めして，大いに繁殖してしまうことが考えられるのです．このようにして発症でもすれば，治療はとてもたいへんです．さらに，大腸菌から大腸菌のように同じ種類の細菌どうしだけでなく，腸内にいる他の種類の病原菌，赤痢菌やサルモネラ菌などへ耐性の遺伝子が移ってしまう可能性もあります．

　今，耐性菌の出現と抗生物質の開発はまるで「いたちごっこ」です．もともと抗生物質は，カビや土の中の細菌（土壌細菌）がよく作っていることが知られています．従来，製薬メーカーは，競って世界中の土を集め，そこに住む土壌細菌を見つけ，新しい

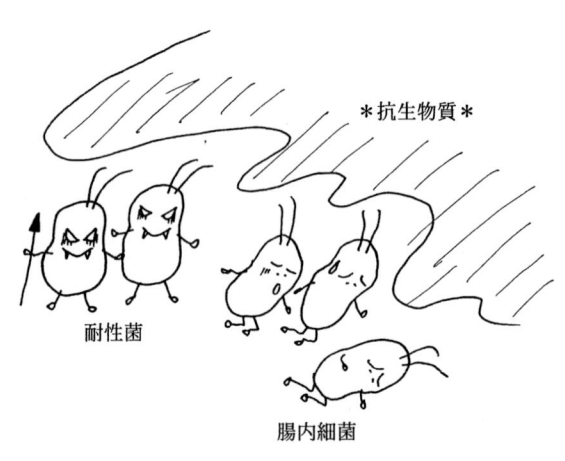

細菌と抗生物質

抗生物質を作っていないかどうか調べてきましたが，もうそれもほぼ調べつくされたといわれています．天然のものを加工した半合成の抗生物質もありますが，これも万能ではありません．簡単に耐性菌が現れます．

現在使われている抗生物質のほとんどは，細菌だけがもっている細胞のしくみに効くようになっていて，その生育を妨げることができます．ですから，ヒトの細胞も一緒に次々と死なせるようなものではありません．その中でバンコマイシンは，現在，世界最強の薬です．VRSAなどのバンコマイシン耐性菌に対し，バンコマイシンに代わる抗生物質は，副作用が強く多用できないものしか残されていません．

ただし，もっと殺菌性の高い薬として，まだ認可はされていませんが，細菌とヒトの細胞の共通のしくみ（細胞膜）をターゲットにした抗生物質，ダプトマイシンが開発中のようです．でも恐ろしいことに，ヒトの細胞も破壊されるという副作用があります．実際の臨床実験では，筋肉に強い痛みが出た例が報告されているそうです．副作用が強くても即効性があるので，どの薬も効かずそのままでは命を落としてしまう患者さんに対してだけやむをえず使用するという考えもあります．しかし，これだけのリスクのある薬であるにもかかわらず，最初は効くかもしれませんが，やはりそのうち耐性菌が出現することでしょう．

4・2・5 抗生物質への信仰

耐性菌との戦いはまだ続くのでしょうか．私たちは抗生物質をあまりにも過信していたようです．フレミング博士の警告を受け

止めて，もっと慎重に使用するべきでした．それには，もっと細菌のこと，抗生物質のことを知らなくてはならなかったのも事実です．たとえよく知らなくても，万能の夢のような薬だと錯覚し，人類の勝利だとおごり高ぶるのではなく，よく考えて使わねばならないと自戒する態度でいれば，耐性菌の出現はもう少し遅らせることができたのかもしれません．

それでは，抗生物質や，それを作るカビや細菌のことについて，もう少し調べてみます．

カビや細菌などの微生物は，何のために抗生物質を作っていると思われますか？　まず，微生物がたくさん住んでいそうな場所を想像してください．山，川，海，…どこにでもいますが，ここでは土の中のことを考えます．乾燥した土1グラム（スプーン一杯ぐらい）の中には1億個ぐらいの微生物がいます．あなたが踏みしめているその足元，その大地には微生物たちがひしめき合っているのですね．

微生物の住みかは，水に流され，風に乗り，偶然行き着いたところであって，そこが栄養豊富で自分に適した環境かどうか，何の保証もありません．その場所が気に入らないからといって，もっといいところを探しに行きたくても行くことができません．与えられた環境に適応し，できれば少しでも自分の繁殖に有利な環境にしたいのです．そこで，抗生物質を自分の身の回りにばらまくことで，他の種類の細菌やカビが近くに来られないよう，縄張りを作っているのです．

このように抗生物質は，微生物どうしの生存を拮抗させる物質

です.「拮抗」を辞書で調べると,「同等の力で張り合うこと」とあります.抗生物質は,細菌やカビがお互いに相手と競争するためのものであって,決して人間を助けるために作っているわけではありません.また,生物が作る物質ですから,人工的な化学物質とは違い地中に蓄積されたりしません.光や熱で自然と分解されるような物質なのです.しかも,分泌されると土の中に自然に拡散しますから,相手の息の根を止めるほどの高濃度にもなりません.

自然界では,そのような自然の抗生物質によって,細菌の分裂が阻害されます.けれども,その抗生物質を分泌していた微生物が,老化や環境の変化でその場からいなくなれば,いつかはその抗生物質も消え,影響を受けていた細菌は,また分裂ができるようになります.もっと人間くさい言い方をすれば,拮抗関係にある微生物どうしで,影響を与える方は,受ける方に対して,「そこに居てもいいけれども,この場所では自分が繁殖したいので,少し待ってくださいね」というところでしょうか.その代わり,自分が繁殖を終えるとその場を他の微生物へ譲ることになります.

細菌の増殖には限界があることは,3・7節で述べたとおりです.自然界では自分だけが生き続けるということはないのです.このように,地球の歴史と共に生きてきた微生物は,種類こそ違いますが,お互いに競争しながらも,じつは「共生」しているといえるのではないでしょうか.

抗生物質とは,決して相手を徹底的にやっつけたり排除したりするためのものではなく,最低限自分たちの生きる場所を確保す

るための道具にすぎません．自然界ではこんなにやさしい使われ方をしていることをどうか覚えておいてください．そして，相手を排除するような非常に不自然な使い方をしてしまったのが人類なのです．

　かつて細菌は，おそらく半世紀前まではそのような高濃度の抗生物質と戦うような経験はなかったでしょう．けれども，大型の生物が全滅してしまうような，激しい地球環境を生き抜いてきた微生物は，環境に適応するための計り知れない能力を兼ね備えています．この数十年の経験によって得た「薬剤耐性」は，ただその能力を発揮しただけなのかもしれません．細菌にとってはあたりまえのことを，私たちはあまりにも知らなさ過ぎたのではないでしょうか．

4・2・6　細菌との共生の道

家畜の餌にも抗生物質が

　抗生物質は意外なところでも使われています．それは家畜への投与です．その理由は，感染症の治療・予防，および成長促進だそうです．家畜が感染症にかかったら抗生物質で治療しますが，かかってから注射をするのは手間がかかるため，一般的には予防も兼ねて抗生物質を餌や飲み水に混ぜて使うそうです．さらに，胃腸の中の細菌を殺すので，栄養分の吸収が良くなり成長促進につながり，一石二鳥ならぬ三鳥というわけです．

　実際の例をあげてみましょう．ニワトリなどの鳥類の腸内には，キャンピロバクターという細菌が住んでいます．鳥にとってはまったく害のない共生細菌ですが，成長促進のために，この菌によ

ニワトリの餌にも抗生物質が

く効くフルオロキノロンという抗生物質が使われていました．ところが困ったことに，ニワトリの腸内でフルオロキノロン耐性のキャンピロバクターができてしまいました．まあ，ニワトリなのでヒトとは関係ないだろうと思いたいところですが，キャンピロバクターは，ヒトにとっては食中毒の症状を引き起こす怖い細菌で，重篤になると死亡することもあります．ヒトがこの感染症にかかっても，じつはフルオロキノロンが特効薬として使われます．もし，よく火の通っていない鶏肉を食べて，キャンピロバクターによって運悪く食中毒を発症したとき，フルオロキノロンが効けばまだよいのですが，すでに耐性菌に変わっていたら効く抗生物質がありません．

　実際のアメリカでの調査では，スーパーで売っている鶏肉からフルオロキノロン耐性のキャンピロバクターが見つかり，この耐性菌と食中毒患者から見つかった耐性菌が同種であったことが，DNA鑑定で明らかになっています．

　ヒトは思わぬところでしっぺ返しを食らっていたことになりま

すが，細菌の性質を考えればあたりまえのことかもしれません．そして，このような抗生物質の投与はニワトリだけでなくブタやウシなどにも行われてきましたので，ほとんどの食肉はそのような耐性菌の問題をはらんでいます．現在までに，EU（ヨーロッパ連合）が最も積極的に規制を始め，日本でもフルオロキノロンなどヒトにも使う抗生物質の家畜への使用は禁止されているようです．遅れて，アメリカでも規制の動きがあるようですが，経済的利益とのせめぎあいで結論が出にくいようです．

今のままでは，いずれすべての抗生物質が使えなくなる時代が来るかもしれません．今できることは，それを少しでも遅らせることでしょう．抗生物質を今のように使っている限り，耐性菌が生まれるのを止めることはできません．徐々に蔓延する耐性菌にどう関わっていけばよいのでしょうか．

耐性菌との「共生」の道

アメリカなどでは，大きい二つの方向性があります．

一つは，新しい抗生物質の開発を進めることです．先に述べたダプトマイシンのように，副作用がきつくてももっと強力な薬を作ったり，ゲノム解析の情報を利用して，それぞれの細菌の遺伝子のレベルで，よりピンポイントで効くような抗生物質を開発することが期待されています．ダプトマイシンでは，副作用をできるだけ抑えられるように研究開発が進められているようですし，ゲノム情報を利用した開発はまったく新しい画期的な方法です．しかし新しい薬は，それが抗生物質である以上，必ず耐性菌が出現して細菌は逆襲を挑んできます．この戦いに終わりはなさそう

です．あえて言えば，人類が力尽きたときが終焉かもしれません．

　もう一つの方向は，まったく逆の発想です．細菌と「共生」しようという考えです．米国カリフォルニア大学では，そのような研究に取り組む研究者がいます．細菌を殺そうとするから逆襲されるのならば，殺そうとしなければいいのではないかということなのです．どうすればそんなことができるのでしょう．それは，ヒトが常在菌と共生しているように，病原菌でも病原性を失わせることによって，ヒトが発病しないようにできないかということです．毒素を出したり病原性を示したりしなければ，ヒトにとって無害，あるいは善玉菌になりえます．研究が進んでいるのは黄色ブドウ球菌で，あらかじめヒトにワクチンを注射しておくことで，体内で増殖する黄色ブドウ球菌の病原性を防げるというものです．

　病原性がなければ，常在菌と同様に私たちは共生できるかもしれません．たとえ共生できなくても，感染している間だけでも毒素を出すことや病原性を示すことをしないでくれれば，ヒトにとっては無害ですから共存はできそうですね．アメリカ政府や製薬メーカーもこの研究に関心をもっているほどで，細菌との共存・共生という新しい発想は，今後ますます注目されることと思われます．

　このように，こちらが積極的に共存・共生を望むなら，相手のことをもっとよく知ろうとすることがいっそう大切になるでしょう．ただし，そうして得た知識がうわべのものでは取り返しがつきません．その知識とは，物の本質を見極める力につながるもの

でなければならないと、私は考えています．

　一方がもう一方を気に入らないからといって完全に排除することが、自然界ではどれだけ不自然なことか、おわかりいただけたと思います．人が細菌を徹底的に叩きのめす行為は、細菌の生命の歴史に対して、本当はあまりにもおこがましいことです．といって、薬を使うなとは思いませんが、抗生物質を使うにしてももっと細菌の性質を考えて、謙虚になるだけでもずいぶん違ったかもしれません．

　謙虚といえば、自分自身の抵抗力をしっかりつけることも大事なことでしょう．不摂生をしておきながら「風邪をひいたら、はい薬」という態度が、医療だけでなく産業や経済にまで波及し、一つ一つが積み重なって世界的な抗生物質乱用を招いたともいえるかもしれません．そしてそのことは、本当に薬を必要とする人々への大事な治療へ影響しているのではないでしょうか．

　話を戻しますが、私たちヒトももとは細菌から進化して生まれ、体中の細胞の中にはその名残が息づいているといわれています．恐竜の絶滅から想像されるように、花を食べつくす破壊者は強者で、草花や昆虫は力なき弱者のようでも、破壊者は生態系の輪から弾き飛ばされます．私たち人類が地球上で生きていくことを望むのならば、もう排除するだけの考え方はそろそろやめなければならないでしょう．

　そして、このことは、人類どうしの国を越えた付き合い方にも通じるものがあると思えてなりません．人間がつくる価値観は、時代と共に変化するものであって絶対のものではありえません．

私たち人類を生んだ地球の自然は，人間の価値観がどう変わろうとびくともせず，まったく別の次元で，地球上の生命や物質のもたらす様々な環境の変化を自然にゆったりと，ただ受けとめているように思います．地球にとっては，ヒトが絶滅しようがしまいがおかまいなしですから，私たち人類は生き続けたいのであれば，そうできるようこちらが考えるべきなのでしょう．

普段の生活の中で，そのようなことをいちいち考えることはまずありませんが，ただ，自然の様子をよく眺めているだけで，おのずと身につく知恵がたくさんあると思います．そこからまた違う価値観が生まれてくるかもしれません．将来を担う子どもたちにこそ，自然をできるだけありのまま残し，自然をよくみて観察させ，ヒトの生き物としてのこれからの生き方を，ぜひ感性で学び取ってほしいと心から願うばかりです．

4・2・7　ウイルスとの染色体内共生

もう一つ，私たちの気づかないところでの他の生物との共生についてお話しします．

2・4節で，私たちの細胞の一つ一つには，もとは異なる生命体だったのに，太古に共生が始まり細胞内でご一緒するようになった，ミトコンドリアという器官があるとお話ししました．この考えは，細胞共生説とよばれるものでした．これは，細胞レベルの共生ですが，ここではもっと細かく見て，DNAレベルでの共生についてお話ししていきます．

私たちの体の細胞の中には，DNAという遺伝物質がつまっています．一つの細胞あたり2メートルもあるDNA上には，ところ

どころに遺伝子が乗っています（**図4・3**）．遺伝子の量を総計すると，全DNAのたった3％ほどだそうです．では，残りの97％は何なのかというと，今のところ，特に働かないただのDNAにすぎないと考えられています．

ところが，その遺伝子でない部分に，どうも過去に人類に感染したウイルスの遺伝子が組み込まれたまま共生しているらしいということがわかってきたのです．

ウイルスも遺伝子をもっているのですが，自分の子孫を作ったり，自分の体を作ったりするための遺伝子をもちません．では，どうやって増えるのかというと，他の「細胞」の遺伝子の力を借ります．そのためにウイルスは「感染」します．そして，宿主の遺伝子のしくみを利用しようと細胞内にもぐりこんでくるのです．そのとき，ヒトなどの細胞に，そっと自分の体内の遺伝物質（DNAやRNA）だけを送り込みます．そして感染後は宿主の細胞が分裂するのに便乗し，自分自身も一緒に増えたり，細胞の遺伝子を利用して細胞内で増殖を始めたりします．そして，あちらこ

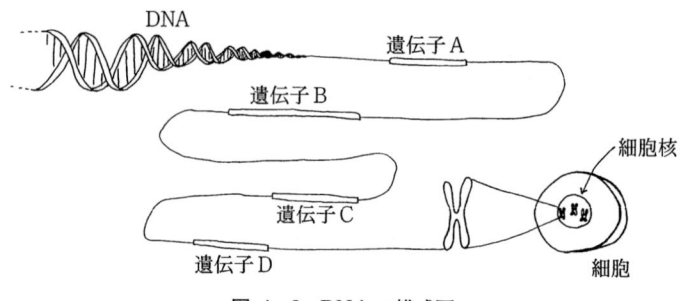

図4・3　DNAの模式図

ちらで増殖が進み，細胞を破壊し始めるようになると，宿主が気づいて攻撃を始めます．その戦いが始まると，発熱などの感染症の症状が現れてくるのです．

ウイルスには色々な種類が知られていて，風邪の症状を引き起こすインフルエンザウイルス，肝炎を発症する肝炎ウイルス，がんの原因になるオンコウイルス，エイズのように免疫力を低下させるHIV (human immunodeficiency virus) など様々です．

インフルエンザウイルスは，ヒトだけでなく他の哺乳類や鳥類へも，種を越えて感染が移行していくことが知られています．また，感染するとヒトのDNA中に自分の遺伝物質を紛れ込ませるウイルスが知られていて，まとめてレトロウイルスと呼ばれています．

レトロウイルスは，DNAでなくRNAという遺伝物質をもち，宿主細胞へ感染するとRNAだけを注入します．ウイルスRNAは，宿主細胞のDNAをうまく利用することでDNAへ転換されて，ヒト細胞が気づかないうちに，その核内のDNA中に組み込まれていきます．しばらくは潜伏期間といっておとなしくしていて，ある程度増殖すると発症し始めますが，中には，病気を引き起こすこともなくヒト細胞中で静かに維持され，しかも親から子へ代々受け継がれていく内在性ウイルスになるものもあります．

オンコウイルスとして知られるヒトの成人T細胞白血病ウイルス（ATLウイルス）や，エイズの原因ウイルス（HIV）もレトロウイルスの仲間ですが，これらはヒトの白血球の一つである免疫細胞（T細胞）へ感染し，一般的に発病するタイプです．ATL

ウイルスは，T細胞を無限に増殖する方向へ導いてがん化させます．一方HIVはT細胞を破壊していきますので，著しく免疫能力が低下していくことになります．そうして宿主であるヒトは，がんになったり，あるいは免疫力の低下が原因で種々の病気にかかったりと，命を落とすことになりかねません．

それに対して，先に述べた寄生虫の場合は，ヒトの免疫力の攻撃を最小限にするためにT細胞を減少させることが知られていますが，免疫力の低下によってヒトが様々な感染症にかかって死んでしまうようなところまでは減少させません．ぎりぎりのところで，寄生虫がヒトのT細胞の数をコントロールしており，藤田紘一郎博士（1・3節参照）は，「それはヒトが生まれたときからの寄生虫との長いお付き合いの中で，寄生虫がヒトと共生するために獲得してきた知恵であろう」と述べておられます．

そのように考えると，HIVの場合は，1981年の報告以来，まだヒトとのお付き合いが浅く20数年ほどです．それでも，数年前ほどの勢いが落ち着いてきているように思えますので，やっと，宿主が死んでしまうと自分も生きていけないということに気づいたのでしょうか．HIVも，ヒトとの共生を望むかのように，ヒトに適合する気配をみせ始めているといわれています．

これはとても興味深いことです．人類の歴史の中で，過去にもヒトを死に至らしめたウイルスが色々あったでしょうが，その度に長い時間をかけて内在性ウイルスへと変化し，人類が，それらウイルスとDNAレベルで共生してきた可能性を示唆するものではないでしょうか．現代で猛威を振るうSARSウイルスや鳥イン

フルエンザウイルスも，いつかは私たちと共生の道をたどることになるのかもしれません．

4・3 自然と共に生きるということ

最近，自然農法という言葉をときどき耳にするようになりました．どのようなものかというと，田畑には独特の生態系があり，人が何も手を加えなくても，そこに住むべきあらゆる生物の力で作物が育つという考えです．

山梨県のある土地に，畑や田んぼを決して耕さず作物を収穫するという，自然農の実践をしている栽培家がいます．耕さないということは，土を裸にしないということです．結果として，雑草の生えた，およそ畑というにはほど遠い荒地のような風景の畑になります．その栽培家によれば，モグラやネズミが十分畑の土を耕してくれるということです．ですから，モグラが畑の土地から出て行かないように，その出入り口の穴をたたいて脅かし，モグラが自分の畑から逃げないようにするなど工夫をしています．

そして，雑草が好きに生えた地面（畑）のところどころに穴を掘って，作物の苗を植えていきます．作業はそれだけです．もちろん肥料もまきません．作物は，雑草にまぎれて育ちますので，よく見ないとどこにレタスがあるかわからないほどです．手を入れるとしても，作物の周りの草を少し刈ったり，作物に太陽の光が届くよう覆いかぶさった草を取り除くなど，必要最小限に抑えるのがコツです．それでも，サラダ菜・レタス・グリーンピース・ダイコン・ニンジン・タマネギ…などなど，年間50種類ほどの

野菜が作れるそうです．

　草ぼうぼうのまま，畑らしくうねを起こしてから苗を植えたり種子をまいたりしませんので，すぐに誰にでもできそうですが，この栽培家は理想的な畑にするまでに6年もかかったそうです．彼によれば，自然農とは，耕さない，土を裸にしない，草や虫を敵としないことだそうです．機械もいっさい使いませんから，色々な生き物の活動を肌で感じ取り，その中で自分も一緒に動いて，何か食べられるものが得られるという感覚だそうです．そして，それは何ものにも代えがたいことだとおっしゃっています．

　さらに，田んぼで稲も作りますが，これも自然農です．一般的に日本の田んぼは水田ともいって，水がなみなみとたたえられた田んぼに稲の苗が植わっています．自然農では，田んぼが，水を引いた畔に囲まれる格好になっていて，草ぼうぼうの田んぼにわらを敷き，そこへ稲の苗を植えていきます．

　自然農では収穫量は減るそうですが，味の濃いおいしい野菜ができるようです．でも土の養分は，作物以外の雑草にも吸い取られてしまうでしょうから，こんなに雑草がたくさん生えていてよく育つものだと驚いてしまいます．雑草と作物だけをみると競争しているように思えますが，じつは他の生き物も含めて共生していて，それが自然と強くておいしい野菜を生むのでしょうか．最近では自然農に興味をもつ人が増えているそうで，この栽培家のもとにやってきて勉強会が開かれたりしているそうです．

　もう一つ，自然農を行っているある栽培家の実践例をご紹介します．例えば草ぼうぼうの畑にキャベツの種子をまくとします．

4・3 自然と共に生きるということ

やはり肥料もやりませんし，うねも起こしません．雑草も生え放題で，必要最低限だけ草むしりをするのみです．

　そうこうしているうちに，キャベツが大きくなってもうすぐ収穫のときを迎えます．キャベツにはすでにモンシロチョウの卵が産みつけられています．でも人は何もしません．ほうっておくと青虫がはい回り，外側の葉っぱが網のようになっていきます．目の前で青虫にどんどん食われてかなり心配になりますが，じっと我慢していると，ある日一晩で青虫は消えるそうです．

　じつは近所に住むスズメバチが，青虫が頃合い良く育つのを狙っていて，一晩のうちに連れ去ってしまうらしいのです．正常な生態系のバランスが保たれている畑では，自然に青虫はいなくなり，ちゃんと人間が食べるだけのキャベツを残してくれます．

スズメバチ

この話を聞いて，私は深く考えさせられました．自由競争社会で営利を求めるなら，とてもこんな悠長な農法では満足のいく収穫は得られないでしょうが，大地は，人類が「共生」を望めば，人が生きていけるだけの食料を十分供給してくれるのではないでしょうか．

ここで，故 木原 均 博士（4・1節参照）の著作（木原, 1973）で引用されていた言葉を記します．オーストラリア（キャンベラ）の大学構内の環境調節温室の入り口に記されていたという標語です．

Cherish the earth,
for man will live by it forever.
大地を大切にせよ．
なぜならわれわれは
永遠にそのおかげを以て
生き続けるからである．

30年ほど前の著作ですから，この標語はもっと以前に作られたものでしょう．今の私たちにとって，「われわれ」とは，地球上のすべての生物を指すように感じられないでしょうか．

4・4 共生を考えるとき見えてくるもの
4・4・1 自然の前に謙虚になるということ

共生は，もはや，人類が地球上で生きながらえるためのキーワードになりつつあります．けれども，なぜ，共生なのかを考える

には，私たちはまだ知らないことがたくさんあるのではないでしょうか．その一つ一つは，自然の中に隠されています．いえ，自然は隠しているわけではなく，私たちが気づいていなかった，あるいは気づこうとしなかったのかもしれません．

では，その気づく力とは何なのでしょう．前にも述べましたが，その一つは謙虚さでしょう．頭ではよくわかっていることですが，人間はあまりにもごう慢すぎました．地球が自分たちのためにあるとか，人類が地球を支配しているかのように安穏と考えていた時代は，つい昨今のことです．

私たちは，自然の恵みなしには決して生きていくことができません．それを認め，あたりまえのように感じる謙虚さということです．ヒト(*Homo sapiens*)は1属1種であり，同じホモ(*Homo*)属の他の種，つまりヒトの親戚のような生き物(ホモ・ハビリス，ホモ・エレクトスなど)は，すでに地球上から姿を消しています．

「種」というのは，姿かたちや性質のうえで共通した特徴をもった，生殖をして子孫を残す可能性のある生き物のグループを指し，本書では種を越えた生き物どうしの関係をご紹介してきました．

親戚をもたない孤独なヒトという種は，種間の争いをしなくて済んでいるのに，その代わりにヒトという同じ種どうしで，いざこざや小競り合いをしているといえるでしょう．このような単一種が，地球上にこれだけはびこっている例はそれほど多くはありません．それでつい，ヒトはずいぶん繁栄していると思いがちなのかもしれません．

ところが意外とイメージしにくいと思いますが，現在の地球上

で知られている生物の種数は150万ほどで，実際に生息する種の数はその10倍〜100倍以上に達すると考えられています．ですから，私たちヒトという種は，その中のたった1種にすぎないということになります．また，個体の総重量比でみると，地球上の全生物の9割以上を占めているのは，なんとあの小さな細菌たちです．そしてヒトは，全体の0.1割にも満たないのです．

そうすると細菌こそ，どんな過酷な地球環境でも生き抜き生命をつないできた，地球上で最強にして最も繁栄している生き物といえるでしょう．細菌は生き抜くことで，私たちを含めた地球上の様々な生き物を生むことになったのですから，そう考えるだけでも，おのずと謙虚にならずにはおれません．このように，少しずつでも「知る」ということが謙虚さにつながっていくのだと思います．

そしてそのような感性は，「教養」によって培われるのではないでしょうか．4・2・6項で述べたように，自然から学ぶことは大いに「教養」として身につくはずです．

「教養」については，山口大学学長（当時）の広中平祐博士の弁を引用します．大阪教育大学の教養学科10周年の記念事業の一環として催された，「教養とは何か」というテーマでのご講演の一部です．

そのなかで，人間は，「寛容」が最も大切だと説いておられ，その「寛容」は教養が生み出すものであるというお考えでした．その教養とは，例えば，隣人が何か事件に巻き込まれたときに警察へ通報する行為の源であって，教養が良識や判断を生むのだと

おっしゃっていたと記憶しています．つまり，幅広い教養がより良い判断につながるといえないでしょうか．

そして，このような興味深いお話もあります．これも大阪教育大学の記念講演で，ノーベル化学賞を受賞された故 福井謙一博士のお話の一部です．

博士によれば，ノーベル賞の授賞式に同席した生理学医学賞受賞者のある脳科学者が，「自然」というものは，人間の脳の発達に対して非常に大きな影響を及ぼしていると述べられたそうなのです．それは，自分の力や考えの及ばない自然に触れることで，ヒトの脳の本能的な部分の発達が促されるのではないかということです．

例えば，人生の大事な岐路に立たされたとき，自分にとってより良い選択をするための，ヒトが本来備えている生物として生きるのに必要な「勘」のようなものを，自然が養ってくれるということなのです．その岐路とは，受験や就職，結婚などいろいろあげられると思います．ですから，例えば自然に触れずに成長すると，肝心なときに自分にとって最良の選択をする脳に発達できないということです．

人生の岐路でどちらかの選択を迫られたとき，誰もが考えるのは，やはり自分が幸せになること，少しでも自分にとって良い選択をしたいということではないでしょうか．選択のためには，その問題が重要であればあるほど，きっと様々な情報をかき集めると思います．判断材料を精一杯集めて，色々な人に相談して… それでも最後に決断するのは自分自身でしょう．

4・4・2 自然との触れ合い

ここで，さて自分は十分自然に触れてきたかと思い起こしてみたくなりますね．脳の発達ですから，自然から影響を受けられるのは20歳代までともいわれます．

もし，このまま環境破壊が進み人類が住めるような環境でなくなり，人工的なものに囲まれて暮らさなくてはならないようになったとすれば，人類の子孫に，より良い判断のための勘が養われているのかどうかは疑問です．そして，それが国家や人類の明日を担う人物であったら… という，一瞬ぞっとするようなお話でした．そのためにも，どうしても自然だけは，私たちの次の世代に残さなくてはならないし，その義務があるのだと強く述べておられました．

人類の祖先は，もともと樹上生活を営んでいました．地上に比べると天敵が少なく安全でしたが，気候の影響などで，木の実だけでは食料の確保が困難だったようです．そこで，種の繁栄につれて集団が大きくなってくると，ついに地上へと生活圏を広げ，二足歩行をする人類へと進化していったと考えられています．これについては，化石の発見から，およそ700万年前には人類の祖先は二足歩行を始めていたと推測されています．そして，そのときにはとっくに人類以外の他の生き物は，ほとんどすべて生息していました．

そこで，まず，私たちの祖先がしなくてはならなかったことは，どの生き物が危険なのか，どの生き物が食べられるのか，そして，どの生き物に毒があるのかを知ることでした．ヒトは足が速いわ

けでもなく,鋭い牙もなく,力もなければ空も飛べません.それで,生き抜くために知恵と道具を駆使したわけですが,そこからすでに自然への挑戦が始まっていたのでしょう.

今でも人類は,様々な技術を駆使した生活を営んでいますし,その技術を進歩させ続けてもいますので,図らずも自然のバランスを着々と崩していると考えられます.ですから,例えば小川からメダカがいなくなっても,さらには今後消えゆく生き物がいても当然なのかもしれません.

そこで考えなければならないのは,メダカのいる環境とメダカのいない環境とでは,どちらが人にとって住みやすいかということです.これまで共生についてお話ししてきましたので,もうお気づきと思いますが,メダカが住むためには他のじつに様々な生き物とのネットワークが必要です.それには気候も関係するでしょうから,メダカが住める環境には日本全国,さらには地球全体の生き物が,直接あるいは間接的に関わっているといえますね.

メダカの住める環境といっても,決して現在の川の水を少しばかりきれいにしてメダカを放流してやればよいということではあ

メダカの住める小川をどうやって守るか

りません．共生を勉強することは，見えない他者にまで想像力を働かせて，全体をとらえるということなのだと思います．ここでいう想像力とは，豊かな教養があってこそ生まれてくるものでしょう．そして，そのうえでメダカがいた方がいいというのであれば，本当にどうするべきなのかが自ずとみえてきそうです．

20世紀が競争と浪費の世紀であるならば，21世紀は共生の世紀といわれています．おそらく，私たちはもう競争に疲れてきていると思います．それは人と他の生き物との競争の現状を考えるとわかりやすいのではないでしょうか．例えば細菌との戦い．人は，躍起になって病原菌の撲滅をめざしてきましたが，勝ち目はなさそうです．そのことは，目に見えない将来の恐怖を暗示します．その不安から競争をするのでしょうが，これだけがんばってもだめだと思うともっと不安になり，また競争をする…．生物としての競争は悪循環となって，疲れないわけはありません．

4・4・3 子どもたちも疲れている

普段の生活の中でも，大人は必死なのであまり意識していないかもしれませんが，子どもたちは疲れきっています．それは最近の若者や学生を見ていても感じます．大げさかもしれませんが，先行きが見えない不安への焦燥やあきらめが見て取れます．

そして最近，小・中学生の6割が「キレるかも」，「感動ない」と思っているという記事が新聞で報道されました(2004年夏)．近年，各地で児童生徒による傷害事件が相次ぐなかでのその結果に，関係者も事件の低年齢化との関連を考えざるをえないということのようです．

その内容は、東京都内と神戸市内の小学校7校の5年生429人，中学校4校の2年生472人を対象とした，アンケート調査によるものです（麻布台学校教育研究所調べ）。アンケートの結果，「自分がいつかキレてしまう」と思う児童生徒は6割前後，「疲れたと思うことがある」という回答は8割，最近の感動体験については過半数が「ない」と答えています．また，「生まれてきて良かったか」という問いには8割から9割の小・中学生が肯定的でしたが，その理由は「今が楽しい，幸せ」という刹那的なものに集中したということです．さらに，「自分が優れていると思うか」という問いには，思っている児童生徒は過半数を割り，自尊感情は乏しいという結果でした．

これらの結果から，被験者となった多くの小・中学生は，感動体験に乏しく，自分も他人も大切にできないことが校内傷害事件につながるのではないかという分析がなされていました．全国すべての小・中学生の調査ではないにしても，一つの傾向としてとらえることができそうです．

4・4・4 「共生」で，より豊かな生き方を

このような身近なことから考えても，私たちは本当にそろそろ競争をやめて，多様な他者との共生をめざす道を選ぶべきときにきているのではないでしょうか．

その共生とは，性質の違う生き物どうしの関わりですから，おそらく最初は葛藤や競争などがあると思います．ただ，人類がたどってきた競争と違うのは，そこには「自分だけが」という，ごう慢さがないことです．そして他者とは，地球全体で考えれば人

間以外のすべての生き物を指しますし，人間どうしでも，身近な社会から世界中の人類レベルまであてはまることだと思います．

　これからの私たち，特に子どもたちには，あふれる自然から謙虚に学びとり感動を得て幅広い教養を育み，他者をも思いやれるような豊かな想像力を身につけて，一人一人がより良い生き方を選べるようになってほしいと強く願ってやみません．そのためには，人々がいがみ合い，競走で躍起になる「自分だけが」という社会よりも，共生しながら皆で子どもたちを見守り育ててゆく環境が大事であろうと思います．ただし，共に生きていても多様性を受け入れて個人を尊重しあえなければ共生とはいえません．地球上のあらゆる生き物の生き方である「共生」を，私たち人間どうしの関係にあてはめて考えてみてはどうでしょうか．

引用・参考文献

石川　統ほか訳「ウォーレス 現代生物学 上」東京化学同人（1991）

宮本英樹「細菌の逆襲が始まった」KAWADE 夢新書，河出書房新社（2000）

NHK 取材班「NHK サイエンス スペシャル 生命 40 億年はるかな旅 3」NHK 出版（1994）

NHK 地球大進化プロジェクト「NHK スペシャル地球大進化 46 億年・人類への旅 1, 2, 6」日本放送出版協会（2004）

小川　潔「日本のタンポポとセイヨウタンポポ」どうぶつ社（2001）

加藤陸奥雄・沼田　真 監修，岩槻邦男 編「滅びゆく日本の植物 50 種」築地書館（1992）

木原　均「小麦の合成 木原 均 随想集」講談社（1973）

木原　均「一粒舎主人寫眞譜」木原生物学研究所（1985）

栗原　康「共生の生態学」岩波新書（1998）

坂本寧男「ムギの民族植物誌　フィールド調査から」学会出版センター（1996）

多田多恵子「したたかな植物たち」エスシーシー（2002）

塚谷裕一「蘭への招待」集英社新書（2001）

塚本洋太郎 総監修「園芸植物大辞典」小学館（1994）

戸部　博「植物自然史」朝倉書店（1994）

林　弥栄「日本の野草」山と渓谷社（1983）

藤田紘一郎「共生の意味論」講談社（1997）

松田裕之「『共生』とは何か」現代書館（1995）

美濃部侑三 編「ネオ生物学シリーズ7 植物」共立出版（1996）

湯本貴和「熱帯雨林」岩波新書（1999）

吉川昌之介「細菌の逆襲」中公新書（1995）

鷲谷いづみ「サクラソウの目　保全生態学とは何か」地人書館
　　（1998）

索　　引

ア　行

IgE抗体	8
愛知万博	51
悪玉菌	126
アステカアリ	101
アリ植物	99
アレルギー	8
生き物ネットワーク	80, 89, 99
異型花柱性	84
イチジク	91
イチジクコバチ	91
1対1共生	99, 100
イヌビワ	97
イヌビワコバチ	97
隠花植物	45
隕石	31
院内感染	134
インフルエンザ	129
ウイルス	130
ウツボカズラ	103, 104
ABCモデル	57, 59
エディアカラ生物群	38
MRSA	137
園芸品種	82
黄色ブドウ球菌	136, 147
O157	126
オオバコ	22, 66
オオルリアリ	105
おしべ	56
雄コバチ	96
オリヅルスミレ	55

カ　行

カイガラムシ	101
化学進化	30
がく片	56
花のう	92
果のう	92
花粉	45, 63
花粉塊	75
花弁	56
カンサイタンポポ	15, 16
感染症	134

カントウタンポポ	15	**サ行**	
帰化植物	10		
寄生関係	4	細菌	32, 36, 130
寄生虫	7, 152	細胞共生説	39
木原 均	121, 156	サギソウ	68
キャンピロバクター	144	サクラソウ	80
距	68	雑種タンポポ	12
共進化	104	シアノバクテリア	33
共生	5, 40, 116, 146, 163	自家不和合性	66
共生関係	5, 86	自己免疫力	130
共生の世紀	162	自殖	65, 88
競争関係	4	自生地	80
共存	4, 24	自然農法	153
教養	158	シダ植物	41
恐竜	43	種	157
菌糸	109	雌雄異株	92
クエ	5	雌雄異熟性	66
原核細胞	36	雌雄同株	92
原核生物	36	雌雄離熟性	66
顕花植物	45	種子	61
原始生命体	31	受粉	63
原始大気	30	常在菌	127
光合成細菌	34	シロイヌナズナ	58
抗生物質	131, 135, 142	真核細胞	36
コムギ	117	真核生物	36
コムギゲノム	118	進化の時計	26, 28
根粒菌	107	唇弁	73

人類誕生	28	地球誕生	25
スギ花粉	8	窒素固定	108
スズメバチ	155	虫えい花	97
生態系の輪	49	長花柱花	84
セイタカアワダチソウ	5, 10	腸内細菌	125
生命誕生	26	重複受精	62, 64
セイヨウタンポポ	13, 15	ツユクサ	77, 78
セクロピア	101	DNA	114, 149, 150
絶滅危惧種	54	T細胞	7, 151
全球凍結	34	同花受粉	77
染色体内共生	149	等花柱花	88
善玉菌	126	土壌細菌	140
総ほう片	14	突然変異	60, 133
		トラマルハナバチ	85
		トリケラトプス	47

タ 行

ナ 行

耐性菌	133, 146		
大腸菌	112	内在性ウイルス	151
他家受粉	94	日本のタンポポ	13
他殖	65	ネアンデルタール人	29
ダプトマイシン	141	ネジバナ	110
タミフル	129	熱帯雨林	100
タルホコムギ	122	ネットワーク	86, 115
単為結果	92	農耕	117
短花柱花	84	脳の発達	159
タンポポ	14		
——の外来種	14		
——の在来種	14		

ハ 行

倍数性	124
胚のう	45, 63
バケツラン	71, 75
花の構造	56
バロサウルス	43
バンコマイシン	138
パンコムギ	121
被子植物	45
微生物	31
ヒトゲノム	119
一粒コムギ	118
肥満細胞	8
ヒラズオオアリ	103
フィラリア	7
フシブトハリアリ	106
ペニシリン	135
捕食関係	4
哺乳類	48
ホモ・サピエンス	28
ポリアセチレン化合物	11
ポリネータ	63, 65, 85

マ 行

マカロニコムギ	121
マメ科植物	107
ミトコンドリア	39
無融合生殖	17
めしべ	56
雌コバチ	95
メタンガス	33
メチシリン耐性黄色ブドウ球菌	137

ヤ 行

八重咲き	60
葉数比	18

ラ 行

裸子植物	42
ラン菌	108
リニア植物	41
鱗片	95
レッドデータブック	53
レトロウイルス	151

著者略歴

山本真紀
(やま もと ま き)

1964 年　兵庫県に生まれる
1988 年　大阪教育大学教育学部卒業
同　年　関西女子短期大学助手
1993 年　関西女子短期大学講師
1998 年　同 助教授
2003 年　関西福祉科学大学助教授
2007 年　同 教授，現在に至る
(1999 年～2005 年，2008 年～現在　大阪教育大学非常勤講師兼務)
博士（農学）
受賞歴　2024 年度染色体学会賞

専門分野　分子細胞遺伝学，微生物学，公衆衛生学，科学教育

ポピュラー・サイエンス 273
「共生」に学ぶ ― 生き物の知恵 ―

2005 年 8 月 10 日　第 1 版 発行
2013 年 2 月 25 日　第 2 版 1 刷発行
2025 年 5 月 30 日　第 2 版 4 刷発行

著作者　　山 本 真 紀
発行者　　吉 野 和 浩

検印省略

定価はカバーに表示してあります．

発行所
東京都千代田区四番町 8-1
電話　東　京 3262-9166　(代)
郵便番号 102-0081
株式会社　裳　華　房

印刷製本　株式会社デジタルパブリッシングサービス

一般社団法人
自然科学書協会会員

JCOPY 〈出版者著作権管理機構 委託出版物〉
本書の無断複製は著作権法上での例外を除き禁じられています．複製される場合は，そのつど事前に，出版者著作権管理機構（電話 03-5244-5088, FAX 03-5244-5089, e-mail: info@jcopy.or.jp）の許諾を得てください．

ISBN 978-4-7853-8773-0
© 山本真紀, 2005　　Printed in Japan